国家职业技能等级认定培训教材
高技能人才培养用书

茶 艺 师

（初 级）

U0792917

国家职业技能等级认定培训教材编审委员会 组编

主 编◎周爱东 杨 岳
副主编◎赵 璟 姜 琦 马淳沂
顾 问◎于良子 朱 澄 周文棠
参 编◎周小燕 陈燕冰 刘秋艳 缪小丽 李 晨
朱 敏 张文文 张 静 李樱怡 笪 霞

机 械 工 业 出 版 社

本书根据《国家职业技能标准　茶艺师》（2018 年版）编写。主要介绍了茶艺服务中的接待准备、茶艺服务、茶间服务等内容。本书配套多媒体资源，可通过封底“天工讲堂”刮刮卡获取。

本书既可作为各级技能等级认定培训机构的考前培训教材，又可作为读者考前的复习用书，还可作为中高职、技工院校茶艺类专业的教材。

图书在版编目（CIP）数据

茶艺师：初级/周爱东，杨岳主编. —北京：机械工业出版社，2021.11
（高技能人才培养用书）
国家职业技能等级认定培训教材
ISBN 978-7-111-69217-1

Ⅰ.①茶…　Ⅱ.①周…②杨…　Ⅲ.①茶艺-中国-职业技能-鉴定-教材
Ⅳ.①TS971.21

中国版本图书馆 CIP 数据核字（2021）第 198192 号

机械工业出版社（北京市百万庄大街 22 号　邮政编码 100037）
策划编辑：范琳娜　　责任编辑：范琳娜
责任校对：张　力　　封面设计：刘术香等
责任印制：李　昂
北京联兴盛业印刷股份有限公司印刷
2022 年 1 月第 1 版第 1 次印刷
184mm×260mm · 7.5 印张 · 170 千字
标准书号：ISBN 978-7-111-69217-1
定价：49.80 元

电话服务	网络服务
客服电话：010-88361066	机　工　官　网：www.cmpbook.com
010-88379833	机　工　官　博：weibo.com/cmp1952
010-68326294	金　　书　　网：www.golden-book.com
封底无防伪标均为盗版	机工教育服务网：www.cmpedu.com

国家职业技能等级认定培训教材

编审委员会

主　任　李　奇　荣庆华

副主任　姚春生　林　松　苗长建　尹子文
周培植　贾恒旦　孟祥忍　王　森
汪　俊　费维东　邵泽东　王琪冰
李双琦　林　飞　林战国

委　员　（按姓氏笔画排序）
于传功　王　新　王兆晶　王宏鑫
王荣兰　卞良勇　邓海平　卢志林
朱在勤　刘　涛　纪　玮　李祥睿
李援瑛　吴　雷　宋传平　张婷婷
陈玉芝　陈志炎　陈洪华　季　飞
周　润　周爱东　胡家富　施红星
祖国海　费伯平　徐　彬　徐丕兵
唐建华　阎　伟　董　魁　臧联防
薛党辰　鞠　刚

序

新中国成立以来，技术工人队伍建设一直得到了党和政府的高度重视。20 世纪五六十年代，我们借鉴苏联经验建立了技能人才的“八级工”制，培养了一大批身怀绝技的“大师”与“大工匠”。“八级工”不仅待遇高，而且深受社会尊重，成为那个时代的骄傲，吸引与带动了一批批青年技能人才锲而不舍地钻研技术、攀登高峰。

进入新时期，高技能人才发展上升为兴企强国的国家战略。从 2003 年全国第一次人才工作会议，明确提出高技能人才是国家人才队伍的重要组成部分，到 2010 年颁布实施《国家中长期人才发展规划纲要（2010—2020 年）》，加快高技能人才队伍建设与发展成为举国的意志与战略之一。

习近平总书记强调，劳动者素质对一个国家、一个民族发展至关重要。技术工人队伍是支撑中国制造、中国创造的重要基础，对推动经济高质量发展具有重要作用。党的十八大以来，党中央、国务院健全技能人才培养、使用、评价、激励制度，大力发展技工教育，大规模开展职业技能培训，加快培养大批高素质劳动者和技术技能人才，使更多社会需要的技能人才、大国工匠不断涌现，推动形成了广大劳动者学习技能、报效国家的浓厚氛围。

2019 年国务院办公厅印发了《职业技能提升行动方案（2019—2021 年）》，目标任务是 2019 年至 2021 年，持续开展职业技能提升行动，提高培训针对性实效性，全面提升劳动者职业技能水平和就业创业能力。三年共开展各类补贴性职业技能培训 5000 万人次以上，其中 2019 年培训 1500 万人次以上；经过努力，到 2021 年底技能劳动者占就业人员总量的比例达到 25%以上，高技能人才占技能劳动者的比例达到 30%以上。

目前，我国技术工人（技能劳动者）已超过 2 亿人，其中高技能人才超过 5000 万人，在全面建成小康社会、新兴战略产业不断发展的今天，建设高技能人才队伍的任务十分重要。

机械工业出版社一直致力于技能人才培训用书的出版，先后出版了一系列具有行业影响力，深受企业、读者欢迎的教材。欣闻配合新的《国家职业技能标准》又编写了“国家职业技能等级认定培训教材”。这套教材由全国各地技能培训和考评专家编写，具有权威性和代表性；将理论与技能有机结合，并紧紧围绕《国家职业技能标准》的知识要求和技能要求编写，实用性、针对性强，既有必备的理论知识和技能知识，又有考核鉴定的理论和技能题库及答案；而且这套教材根据需要为部分教材配备了二维码，扫描书中的二维码便可观看相应资源；这套教材还配合天工讲堂开设了在线课程、在线题库，配套齐全，编排科学，便于培训和检测。

这套教材的出版非常及时，为培养技能型人才做了一件大好事，我相信这套教材一定会为我国培养更多更好的高素质技术技能型人才做出贡献！

中华全国总工会副主席

高凤林

前 言

中国茶艺研究可以上溯到唐代。唐代陆羽著《茶经》十篇，从源、具、造、器、煮、饮、事、出、略、图十个方面对茶文化知识进行了系统整理。其后，历经宋、元、明、清、中华民国，诸多文人雅士乃至帝王加入到茶文化的研究中来，名家辈出，成果丰硕。

现代茶叶专家胡浩川，1940 年已经使用“茶艺”一词。现代茶文化的系统整理始于我国台湾，20 世纪 50 年代，当地的茶人与学者开始研究、复兴中国的茶文化，为区别于日本的茶道，提出了茶艺的概念。20 世纪 70 年代中期，台湾的茶艺开始传入大陆，从那时起，海峡两岸掀起了一股茶文化的潮流。到今天，茶文化已经成为全国性的时尚文化，并且影响着全球的饮茶生活。20 世纪 90 年代，茶艺师的培训及职业技能鉴定在浙江、上海等地率先开展，进而“茶艺师”被正式列入《中华人民共和国职业分类大典》，如今全国各地茶艺师的培训及职业教育方兴未艾，各个等级的茶艺比赛也如火如荼。

初级茶艺师的技能包括：能够按照茶事服务礼仪要求进行着装、仪容准备，规范形体及语言；能够准备茶室环境和茶具，正确操作茶室电器，掌握消防安全技能；能够区分六大茶类，使用茶单选茶，根据茶叶特点选择适宜的茶具及泡茶三要素并完成冲泡；能够与宾客进行良好的沟通，并从健康角度推荐茶饮；能够完成销售、记账及售后服务工作。

我们邀请了很多资深的茶艺老师来承担写作任务。其中，周小燕老师编写了茶艺师礼仪之着装、仪容；赵璟老师编写了茶艺师礼仪之形体礼仪及语言规范、冲泡备器之器具选用、茶饮推介之交流沟通；周爱东老师编写了茶室准备工作之茶室环境及茶具准备；姜琦老师编写了茶室准备工作之岗位要求、冲泡备器之茶单选茶；马淳沂老师编写了茶室电器及消防安全；陈燕冰老师编写了冲泡备器之茶叶类别；刘秋艳老师编写了冲泡演示之泡茶方法及茶具冲泡；缪小丽老师编写了茶叶品饮；杨岳老师编写了茶饮推介之茶叶健康及饮茶季节；李晨老师编写了商品销售之财务基础；朱敏老师编写了销售基础及售后服务。张文文、张静、李樱怡、笪霞 4 位老师参与了书稿的整理工作。老师们来自北京、天津、内蒙古、江苏、四川、重庆、广东、福建、贵州、陕西等地，从内容的普适性来说，基本可以满足我国各个地区茶艺教学的需要。

本书在编写过程中得到了国家职业技能等级认定培训教材编审委员会、扬州大学、西安商贸旅游技师学院、旺和达茶书院、镇江市陆羽茶叶研究所、深圳市绿怡茶业有限公司、南京无由茶文化有限公司、吉利学院、福州大学、广东瀚文书业有限公司、山东瀚德圣文化发展有限公司等组织单位的大力支持与协助。书中的视频和图片拍摄得到了北京二商京华茶叶有限公司、北京茶叶博物馆、中茶生活（北京）茶叶有限公司的鼎力支持。在此一并表示衷心的感谢！

编 者

作者简介

主编

周爱东，扬州大学教师，从事茶文化与茶艺教学22年，国家一级茶艺技师、国家二级评茶技师、茶艺师高级考评员。江苏省茶文化讲师团成员，扬州市作家协会成员、扬州市休闲商会理事、扬州市茶文化艺术协会副会长，多次担任省市级茶艺大赛裁判。在机械工业出版社出版的“国家职业技能等级认定培训教材”中担任编审委员会委员。出版的相关教材及专著有《茶艺赏析》《茶馆经营管理实务》《扬州饮食史话》，并在相关期刊上发表过多篇论文。

杨岳，1998年毕业于西南大学，吉利学院专职教师，具备茶艺技师资格。长期从事茶艺教学，自2011年起面向吉利学院各专业学生开设茶艺公选课。中国茶叶流通协会茶文化教育教师工作委员会委员，《中国茶叶行业发展报告》编委，“马连道杯”全国茶艺表演大赛初赛及决赛评委。

副主编

赵璟，西安商贸旅游技师学院高级讲师，陕西省茶业协会副秘书长、茶艺专业委员会委员，西安市咖啡行业协会秘书长，国家二级茶艺技师，国家职业技能鉴定高级考评员，陕西省休闲健康协会茶行业委员会副秘书长，陕西省技术能手，陕西省十佳茶艺师，陕西省十佳茶人，陕西省茶艺大赛评委。

姜琦，毕业于西南农业大学食品科学学院茶学系，国家一级茶艺技师、国家一级评茶技师、一级制茶技师，具备高级茶艺考评员、高级评茶员考评员、国家职业技能鉴定考核督导员资格。多次担任国家茶艺师职业技能大赛裁判、国家评茶员职业技能大赛裁判。兼任天津市茶业协会副会长、天津市茶叶流通协会副会长、全国青少年茶文化教育教师工委会副主任、重庆市茶叶学会理事会员、重庆市茶叶商会理事会员。

马淳沂，硕士研究生，镇江雨泰茶业有限公司总经理，主持研发的“甘露翠螺”茶加工方法获得国家发明专利授权和国家星火计划立项，荣获镇江市科技进步奖。具备高级农艺师、高级评茶师、茶艺技师、茶艺师和评茶员高级考评员资格，历任省市茶艺师职业技能大赛裁判。

目　录

项目 3 茶间服务

说明

文中的泡茶视频，只保留了最主要的流程和道具，和文字并不完全一致，特此说明。

项目 1

接待准备

- 接待准备
  - 仪表准备
    - 服饰、佩饰基础知识
    - 容貌修饰、手部护理常识
    - 茶艺师的发型、头饰常识
    - 茶事服务中形体礼仪基本知识
    - 普通话、迎宾敬语基本知识
  - 茶室准备
    - 岗位职责与服务流程
    - 茶室环境
    - 茶具准备
    - 茶室电器
    - 消防措施

1.1 仪表准备

心理学家研究表明，在人际交往中，与人初次相识时，第一印象给人留下的记忆最深刻，尤其是仪容仪表和服饰着装，最能反映人们的地位、文化、品位、审美、修养和生活态度等。

仪容，主要指头、头发、脸、手脚等部位。在出入社交场合时，应注意修饰自己的仪容，给人端庄、大方、整洁和美丽的良好形象。茶艺师在仪容方面要遵循两个原则，就是仪容干净整洁和适当修饰。

仪表，指人的外表，是一个人的容貌、表情、举止、姿态、服饰等各个方面给人留下的总体印象。仪表是一个人的精神面貌和内在素质的外在表现，与个人的生活情调、文化素质、修养程度、道德品质等密切相关。茶艺师仪表应与所冲泡的茶叶、茶席、环境、泡茶的过程融成一体，展现出优雅的容貌、服饰、姿态。茶艺师端庄、美好、整洁的仪表在接待过程中，使顾客感到愉悦舒适不违和。

1.1.1 服饰、佩饰基础知识

1. 服饰类型

服饰，指衣服及其装饰，是个人形体的外延，包括衣、裤、裙、帽、袜、手套等各类服饰，以及与衣服分开的装饰用品，如领带、胸针、眼镜和手表之类的饰物。服饰反映社会分工，体现地位、身份差异，还对形体美起着修饰作用。

在不同风格的工作场所，茶艺师服饰的类型也会不同。较为正式的场合，应选择较正式的职业性服饰，但不宜太紧，应以舒适、方便为主，以适应整日的工作强度；在较宽松的职业环境里，一般选用休闲风格的服饰，以表现职业特点为佳，比如现在流行的茶服，更能体现茶文化的优雅轻松；礼服是用于庆典、正式会议、晚会、宴会、茶会等礼仪活动的服饰。中式传统礼服以唐装、中式旗袍为主，注重表现端庄、文雅的姿态。礼服既讲究面料的品质和细部的款式，以及做工的精美，也讲究饰品的品质和搭配。

2. 搭配原则

（1）TPO 原则　茶艺师服饰穿着的基本原则应遵循国际通用的 TPO 原则。TPO 是 3 个英语单词的缩写，分别代表时间（Time）、地点（Place）和场合（Occasion）。所谓 TPO 原则就是要求服饰搭配应时、应景、应事、应己、应制，这是着装最基本、最关键的要求。

（2）三色原则　一个人服装及饰物的色彩在总体上要以少为宜，以精为妙，最好控制在 3 种颜色以内，使服装总体效果简洁、和谐、规范，给人以视觉上的舒适感。

（3）整体性原则　美不在部分，而在整体。服饰的各个部分要相互呼应，形成和谐的整体美。服饰的整体美构成，包括人的形体、内在气质，服饰的款式、色彩、质地、工艺，以及着装环境等。服饰美是从多种因素的和谐统一中显现出来的。

（4）个性化原则 服饰的个性化原则，主要指依据个人的性格、年龄、身材、爱好、职业等要求着装，力求反映一个人的个性特征。

3. 搭配技巧

（1）服饰与体型的搭配 衣服的款式、颜色要和体型搭配适宜，扬长补短，比如非瘦高体型的人士，要避免大或粗笨、宽松悬垂的款式等。

（2）服饰与肤色的搭配 白皙皮肤适合穿各种颜色的衣服，但皮肤不是特别白皙的，巧妙采用色彩搭配，比如淡绿色、淡蓝色，都能提升皮肤亮度。

（3）服饰与色彩的搭配 除了以上说的服饰不可超过3种颜色以外，还可以采取同类色搭配法、相似色搭配法、对比色搭配法和主辅色搭配法等。

4. 茶艺师的着装要求

首先要符合身份。服饰的穿着首先应做到男女有别、身份有别、职业有别、岗位有别，即“干什么像什么”。无论男性茶艺师还是女性茶艺师，着装都以整洁大方为好，服饰合体便于泡茶。服饰款式主要以民族的特色服装为基础，体现风雅的文化内涵和历史渊源。其次，还要注意讲究着装、化妆和佩饰风格的统一。茶是恬淡平和的，因此女性茶艺师切忌浓妆艳抹，服装注意大小适度，忌穿袒胸衣或无袖衣、半透明衣。内衣、衬裙不外露、不外透、颜色一致、外深内浅。女性茶艺师着装如图1-1所示。

男性茶艺师可穿中式服装，如唐装、中山装、新中式改良服装等。男性茶艺师应避免乖张怪诞，如留长发、穿乞丐装等。同一个茶馆的茶艺师，可以统一着茶服。茶艺师的服饰材料多为棉麻、绸缎之类，需要及时清洗，并且熨烫平整；纽扣要扣齐，不得卷起袖子；如果有工牌或胸卡，应该统一佩戴在左上胸位置；如果沾上茶渍，应立即清洗。

图1-1 女性茶艺师着装

5. 遵守惯例

茶艺师的服饰穿着应文明大方，符合社会的道德传统和约定俗成的要求。由于品茶需要一个安静的环境、平和的心态，所以在泡茶过程中，如果茶艺师服饰的式样、面料、颜色、图案、鞋袜等与泡茶环境不协调，会破坏和谐、优雅的气氛。

茶艺师服饰的式样要与茶具、茶席和环境相匹配，不宜太夸张，注意袖口不宜过大、过宽，否则容易碰到茶具或茶水，给人一种不卫生的感觉。

茶艺师服饰的面料，不仅要求弹性好、手感好，而且最好不起皱、不起毛、不起球，宜选纯天然质地且质量上乘的面料，如纯毛、丝绸、亚麻、麻纱面料等，尽量不选皮质面料。

茶艺师服饰的颜色，以冷色调为主，以体现着装者典雅、端庄、稳重的气质，颜色要求清新、雅气而凝重，忌鲜艳色、流行色。

茶艺师服饰的图案，讲究朴素简洁，具有传统文化和民族特色，不宜添加过多点缀，以免琐碎杂乱有失稳重，可以有适当的贴布、绣花、花边、金线、彩条、扣链、珍珠等点缀。

6. 配饰的搭配

茶艺师根据一定的原则搭配服装的配饰，可以起到画龙点睛的作用，使整体打扮更完美。佩戴首饰要注意场合、环境、季节等因素，这些因素不同，其佩戴方式和佩戴选择也不同。正常工作情况以不戴或少戴饰品为好，如果是重大接待，可以佩戴少量首饰。佩戴首饰以不影响工作为原则。

1.1.2 容貌修饰、手部护理常识

1. 化妆的原则

茶艺师适当化妆是一种尊重顾客的敬业表现，但在化妆时应注意妆容与工作的协调性（图 1-2）。具体来说，茶艺师的化妆秉承下列三个原则。

（1）清新自然　茶艺师化妆符合常规审美要求，在化妆时不要太浓，不要标新立异，一般以适度为原则，以恬静素雅为基调，可以化清新淡妆，眼影、口红颜色与衣服协调，颜色要柔和。

（2）气质协调　包括妆面协调、全身协调、身份协调、场合协调等。化妆符合茶艺师的身份，最好不使用有香味的化妆品，以免影响茶的香气。

（3）符合主题　茶艺活动有多种主题。仿古类的茶艺主题化妆时要有时代特点，如唐代的面妆就比宋代、明代要浓艳许多，其中最为浓艳的是酒晕妆，也有色浅而艳的桃花妆，比桃花妆淡雅的是飞霞妆，有白里透红之感。

图 1-2　女性茶艺师妆容

2. 茶艺师的手部护理

手是茶艺师的“第二面孔”，在泡茶的过程中，始终是用手来进行一系列操作的。要保持手部干净、整洁、适度保养；指甲修剪得当，不涂指甲油。

1.1.3 茶艺师的发型、头饰常识

1. 茶艺师的发型

发型是仪容的重要组成部分，是自然美和修饰美与人体的结合。发型在一定程度上表现着一个人的审美情趣、知识结构及行为规范。作为茶艺师，发型的要求与其他岗位有一些区别。首先头发要干净整洁不油腻；长发一般都要盘起，显得干净清爽；无论长发短发，都不可披散头发，以免落发掉进茶水里（图 1-3）。

2. 茶艺师的头饰

头饰通常是与发型相配的。在选用头饰时要注意：不要选用过长或拖拉的头饰，以免在操作中头饰碰到茶具或遮挡视线；头饰要简洁，不可太过张扬，要和衣物的颜色搭配协调。

图 1-3　女性茶艺师发型

1.1.4　茶事服务中形体礼仪基本知识

仪态，指人们的身体呈现出的姿势与风度，也叫仪姿，是茶艺师精神面貌的外观体现，是一种“无声的语言”。在茶事服务中，得体、适当的举止可以给顾客留下良好的印象。仪态包括姿势、表情和风度。姿势是指站立、行走、就座、手势等人体在空间的活动、变化的样子；表情是人的内心情感在面部上的表现；风度是一个人性格、品质、修养、道德等内在素质的外部表现。茶事服务主张含蓄、温和、谦逊、诚挚的礼仪表达，尽量用微笑、眼神、手势、姿势等传达服务精神。

1. 茶事服务中的站姿

茶道中的仪态美是由优美的形体姿态来体现的，而优美的姿态又是以正确的站姿为基础的。正确优美的站姿会给人以精力充沛、气质高雅、庄重大方、礼貌亲切的印象。

（1）站姿基本要求　姿势端正，上体正直，头正目平；下颌微收，挺胸收腹；双臂自然下垂，立腰提臀；嘴唇微闭，表情自然，面带微笑。手指自然弯曲，掌心向内轻触裤缝，或将两手自然交叉相握，右手搭于左手上，贴放在腹部；双腿合拢立直，身体重心落于双足后部。

（2）女性站姿　女性茶艺师站姿（图 1-4）要柔美，所谓“亭亭玉立”，体现女性轻盈、典雅的韵味。女性站立时，双手交叉相握放置于小腹前，双腿基本并拢，脚位应与服装相适应。如果穿中裙，脚跟应并拢靠紧，脚掌分开 45 度~60 度，呈“V”状或“Y”状（丁字步）；如果穿旗袍，要身体挺拔，下颌微收，不要塌腰撅臀，双脚可微分，两手可合握于腰部或一屈一直。

图 1-4　女性茶艺师站姿

（3）男性站姿　男性茶艺师站姿要稳健，所谓“站如松”，要体现男性刚强、稳重的阳刚之气。双手可自然下垂，掌心轻扣裤缝；或双手自然交叠于腹前，双脚可稍许分开，与肩部同宽为限。

2. 茶事服务中的坐姿

茶艺师在泡茶时大多数是坐着的。正确的坐姿是：挺胸、收腹、头正肩平，肩部不能因为操作动作的改变而左右倾斜；双腿并拢；双手不操作时，平放在操作台上；面部表情轻松愉悦，面带微笑。具体坐姿有正坐、侧坐、跪坐、盘腿坐等。

（1）正式坐姿　茶艺师走到座位前面转身，右脚后退半步，左脚跟上，然后轻稳地坐下，最好坐椅子的 1/2 或 2/3 处，女茶艺师穿长裙时，用手把裙子向前拢一下。坐下后上身保持正直，头正目平，嘴巴微闭，面带微笑，小腿与地面垂直，两脚自然平落地面。两膝间的距离，男茶艺师以松开一拳为宜，女茶艺师两脚并拢，与身体垂直放置，或者左脚在前右脚在后交叉呈直线，注意两手、两腿、两脚的正确摆姿（图 1-5）。

（2）侧位坐姿　侧位坐姿分左侧点式和右侧点式，采取这种坐姿，方便展示茶艺师的动作及形体。根据茶椅、茶桌的造型不同，坐姿也要有变化，比如茶桌的立面有面板或茶桌有悬挂的装饰物障碍，无法采取正式坐姿时，可选用左侧点式或右侧点式坐姿。左侧点式坐姿要双膝并拢，两小腿向左斜伸出，左脚跟靠于右脚内侧中间部位，左脚脚掌内侧着地，右脚跟提起，脚掌着地。右侧点式坐姿相反。如果腿部丰满或穿长裤的茶艺师，要使小腿看起来略显修长，坐时要将膝盖与脚间的距离尽量拉远，线条看起来会优美些（图 1-6）。

图 1-5　女性茶艺师正式坐姿

图 1-6　女性茶艺师侧位坐姿

（3）跪坐坐姿　这种坐姿一般适合于日本茶道或仿古茶艺。坐下时将衣裙放在膝盖底下，显得整洁端庄，手臂腋下留有一个品茗杯大小的余地，两臂似抱圆木，五指并拢，手背朝上，重叠放在膝盖上，双脚大拇指重叠，臀部坐在双脚上。上身如站立姿势，头顶上有上拔之感，坐姿安稳。

（4）盘腿坐姿　这种坐姿一般适合于穿长衫的男性或表演宗教茶道。坐时用双手将衣服撩起（佛教中称提半把）徐徐坐下，衣服后层下端铺平，右脚置在左脚下用两手将前面下摆稍稍提起往前摆好，不可露膝，再将左脚置于右腿下，最后将右脚置于左腿上。

3. 茶事服务中的蹲姿

在茶馆服务中，茶艺师经常处在动态之中，因此动作的优美是值得注意的。取低处物品或拾起落在地上的东西时，不要直接弯腰，要站在要拿或拾的东西旁边，屈膝蹲下，不要低头，也不要弯背，要慢慢低下腰部拿取，以显文雅。在茶馆服务中和茶艺表演中奉茶时，要考虑茶桌的高度，依茶桌的高矮，采用以下几种优美的蹲姿。

（1）交叉式蹲姿　下蹲时右脚在前，左脚在后，右小腿垂直于地面，全脚着地。左腿在后与右腿交叉重叠，左膝由后边伸向右侧，左脚跟抬起脚掌着地，两腿前后靠紧，合力支撑身体，臀部向下，上身稍前倾。

（2）高低式蹲姿　下蹲时左脚在前，右脚稍后（不重叠），两腿靠紧向下蹲，小腿基本垂直于地面，右脚脚跟提起，脚掌着地。右膝低于左膝，右膝内侧靠于左小腿内侧，形成左膝高右膝低的姿态，臀部向下，基本上以右腿支撑身体（图 1-7）。

图 1-7　女性茶艺师高低式蹲姿

男性可选用第二种姿态，两腿之间可有适当距离，而女性无论采用哪种蹲姿，都要注意将腿靠紧，臀部向下。

4. 茶事服务中的行姿

（1）行走的基本要求　上身保持正直，目光平视，面带微笑；肩部放松，手臂自然前后摆动，手指自然弯曲；行走时身体重心稍向前倾，腹部和臀部要向上提，由大腿带动小腿向前迈进；行走线迹为直线。在行走时要保持适当的步速，不要过急，否则会给人不安静、急躁的感觉。轻盈的步态，体现了茶艺师的温柔端庄、大方得体。步幅距离以 30 厘米左右为佳，步幅过大，人体前倾的角度必然加大，茶艺师经常手捧茶具来往，容易发生意外，也容易让人产生“风风火火”的感觉，会减弱茶馆的宁静感和茶艺师的优雅风度。女性穿着大摆长裙时步幅可稍大些，走动时可一手提裙。女性茶艺师行姿如图 1-8 所示。

图 1-8　女性茶艺师行姿

（2）舞台茶艺表演行姿　茶艺师根据茶艺表演的主题、时代的背景、服饰的造型、情节的配合、音乐的节奏来确定行姿。面向观众行走时，目光正视前方，向观众、顾客微笑致意。随着主题内容的变化，或矫健轻盈，或精神饱满，或端庄典雅，或缓慢从容，没有固定的模式，但要使顾客感到茶艺师通过肢体语言传达出的茶艺主题意境。

（3）服务中的行姿　服务中如两人并肩行走时，不要勾肩搭背；多人一起行走时，不要横着一排，也不要有意无意地排成队形。茶艺师在茶馆内行走，一般靠右侧，与顾客同走时，应配以恰当的语言并微笑点头致意，并让顾客先行（除迎宾服务人员）；遇通道比较狭窄而有顾客从对面走来时，茶艺师应主动停下来靠在边上，让顾客先通过，但切不可背对着顾客。遇有急事，可加快步伐，但不可慌张奔跑。如果手提重物或托有茶具，急需超过行走在前面的顾客，则应彬彬有礼地征得顾客同意，并表示歉意。

（4）特殊变向行姿　当点单结束或奉上茶后离开时，扭头就走是很不礼貌的，应该是先向后退步，再转身离去。一般情况下退两三步为宜，退步时脚轻擦地面，勿高抬小腿，后退的步幅要小，转体时要身先转，头稍后一些转。如果是未转身先转头，或是头与身同时转，均为不妥，在茶艺表演结束离开表演台时，都应后退一步至两步。在行走中，需要转身改变方向时，要掌握正确优美的转身法。

5. 茶事服务举止规范

（1）操作服务礼节　茶艺师在工作场所要保持安静，不要大声喧哗，更不要聚众玩笑、唱歌、打牌或争吵。如果遇顾客有事召唤，也不能高声回答；若距离较远，可点头示意表示自己马上就会前来服务。茶艺服务人员在服务中要注意“三轻”，即说话轻、走路轻、操作轻。为顾客递送茶单、茶食、账单一类的物品时，要使用托盘。在为顾客泡茶的过程中，如果不慎打坏茶杯等器具，要及时表示歉意并马上清扫、更换。在为顾客泡茶时，不能做出抓头挠痒、擤鼻涕、打喷嚏等动作。

在进行茶事服务时，如果有两位以上的顾客，那么端出的茶汤要均匀，并放置在茶盘上，左手捧茶盘底部，右手扶茶盘边缘，点心放在顾客右前方，茶杯摆在点心右边。上茶时，首先向在座的人说声“对不起”，再以右手端茶，从顾客右方奉上，面带微笑，眼睛注视对方并说：“这是您的茶，请慢用！”客来奉茶，应先询问顾客喜好，如果有茶点，应先上茶点，再奉茶水。有杯柄的茶杯在奉茶时应将杯柄放置于顾客右手边，所配茶点应考虑取食方便。茶艺服务人员在任何情况和场合下都要有控制情绪和行为的能力，相互之间应真诚团结、密切合作。这样，才能在操作中做到不失礼。

（2）迎送礼节　迎送礼节是指茶艺师在迎接和送顾客时的礼节。这种礼节不仅体现出茶艺师对顾客的欢迎和重视，而且也反映了茶艺接待工作的规范和周到。品茶顾客来到茶馆时，茶艺师要笑脸相迎、亲切招呼，当顾客离去时要热情相送。

（3）迎宾服务礼　要微笑迎客，使用礼貌用语，迎客入门。询问用茶人数及预定情况，将顾客引领到正确位置（图1-9）。如果顾客随身携带较多的物品或行走不便，应征询顾客同意后给予帮助。如果遇雨天，要主动帮顾客寄存雨伞或者套上雨伞套。若座位客满，耐心解释，有位置时立即安排。耐心解答顾客的疑问。婉言谢绝衣冠不整者入内。

图1-9　茶艺师导引动作

（4）送客服务礼仪　当顾客准备离去时，帮顾客拉开座椅，并提醒带好随身物品。送客时应走在顾客后面（约1米距离处）护送至厅堂口。顾客离店时，主动拉门道别，真诚礼貌地感谢顾客，并欢迎其下次光临。迎宾服务关系到顾客对店面的第一印象，其工作质量、服务效果将直接影响到茶店的运营。送宾礼仪是整个服务的最终环节，保证了服务程序的"善始善终"，可以为店面赢得更多的"回头客"。

（5）服务举止禁忌　在顾客面前不吃东西、不抽烟，尽量不打哈欠、不打嗝、不咳嗽、不打喷嚏，实在忍不住时，要用手帕掩住口鼻、侧过身体；不要当众剔牙、挠头摸腮、伸懒腰；面对顾客讲话，保持1米左右的距离；给顾客递物或找零钱时，动作要轻，应直接送到顾客手上；茶艺人员之间传递物品时，应手手相接，不可空中抛物；不议论或嘲笑顾客，不模仿顾客动作，不与顾客开玩笑；注意顾客忌讳，尊重顾客风俗，照顾顾客习惯；顾客不主动握手时，一般不要先伸手和顾客握手；握手时，如果右手占用腾不出来，要向顾客说明，并点头致歉；与女士握手时，用力要轻，时间要短。遇多人握手时，应按顺序进行，不能交叉握、抢着握。

1.1.5　普通话、迎宾敬语基本知识

1. 言谈礼仪

（1）称呼礼节　指服务人员在日常工作中与顾客交谈或沟通信息时应恰当使用的称呼。最为普通的称呼是"先生""女士"，切忌使用"喂"来招呼顾客。即使顾客离得较远，也不能高声叫喊，而应主动上前恭敬地称呼顾客。由于各国社会制度不同，民族与语言各异，风俗习惯相差很大，因而茶艺师在对顾客的称呼上需要多加学习研究，正确使用，以免造成不必要的误会，这也是做好茶艺服务工作不可忽视的方面。

（2）问候礼节　指服务人员在日常工作中，根据时间、场合和对象用不同的礼貌语言

向顾客表示亲切的问候和关心。茶艺师根据工作情况，在与顾客相见时应主动问好：“您好，欢迎光临！”或在一天中的不同时候遇到顾客时说：“早上好！”“下午好！”“晚上好！”这样会使对方倍感自然和亲切。

（3）应答礼节　指服务人员在回答顾客问话时的礼节。茶艺师在应答顾客的询问时要站立说话，不能坐着回答；要全神贯注地聆听，不能心不在焉；在交谈过程中要始终保持良好的精神状态；说话时应面带笑容、亲切热情，必要时还可借助表情和手势来沟通和加深理解。

茶艺师对顾客提出的问题要真正明白后再作答，不可不懂装懂、答非所问，也不能表现出不耐烦，以免造成不必要的误会。对于一时回答不了的或者回答不清的问题，可先向顾客致歉，待查询后再答复。凡是答应顾客随后再做答复的事，一定要守信。

茶艺师在回答顾客的问题时，要做到语气婉转、口齿清晰、语调柔和、声音大小适中，同时还要注意在与顾客对话时自动停下手中的工作。茶艺师在与多位顾客交谈时，不能只顾一位而冷落了其他的人，要一一作答。对顾客的合理要求，要尽量快速做出使顾客满意的答复，对顾客的过分或无理要求要婉言拒绝，并要表现出热情、有教养、有风度。当顾客称赞茶艺师的良好服务时，应报以微笑并谦逊地感谢顾客的夸奖。

（4）交谈语言　在与顾客交谈时，要注意礼貌但不卑微，委婉但不纵容。在交谈中要注意表情、态度、用词；要做到不打断、不补充、不质疑、不纠正顾客；在交谈中要一视同仁，不能厚此薄彼；双方自觉保持适当的距离，既不要相距太远，给对方以冷落感，也不要靠得太近，使对方有压抑感。一般说来，与陌生人交谈时，两人的间距为 1 米左右；与熟人交谈时，相距 0.8 米左右；与亲友交谈时，距离为 0.5 米左右。

2. 语言基本要求

俗话说：良言一句三冬暖，恶语伤人六月寒。美好的语言是良好社交的润滑剂，茶室、茶馆是现代社会文明的社交场所，要求茶艺师要讲究语言美，掌握言谈的规范和礼仪。

茶艺师在与顾客交谈时语速要平缓，表达要热情，言辞要自信，所陈述的商品特征直接转化为顾客所向往、所理解、所需要的东西。和顾客交流的目的是感染顾客、打动顾客。茶艺师通过语言表达向顾客传递一系列有关自身、产品、公司的信息，俗话说：不怕货卖不出去，就怕话说不到家。

茶艺师要不断提高自己的表达能力：声音清晰，既要轻声细语，又必须能让人听清；使用标准普通话，尤其是关键字眼如数字、金额要和顾客仔细确认；表达时要把握说话节奏，语速过快容易听不清楚，语速过慢无法在短时间内充分表达自己的观点。

1）谈话时，首先要了解对方的身份，内容事先要有准备，以便谈话得体，有针对性。

2）与外宾谈话，要实事求是，自己不知道的不能随便答复，不属于自己工作范畴的问题不要轻易表态，无把握的事不随便允诺，做到言而有信。同时，不愉快的事不讲、不高兴的事不谈、私事不问。

3）说话态度和蔼可亲，不卑不亢。言谈要和气亲切，要使用礼貌用语。称赞对方不要过分，谦虚也要得当。自己讲话时要给别人发表意见的机会，不要滔滔不绝、旁若无人。回答顾客提出的问题时要耐心，简洁明了，留有余地。若旁边有人要加入谈话，应点头微笑表示欢迎。如果遇到对方反感的问题，应致歉意或立即转换话题。谈话中还要注意不纠缠，不高声议论，更不能出言不逊、恶语伤人，即便争辩，也不要斥责、讽刺或辱骂。

4）说话时，举止要自然得体。保持微笑，手势恰当，距离适宜，不大声说话或放声大笑，不拉扯拍打，不口沫四溅。讲话完毕，要礼貌告别，躬身退后一步，自然转身离开，不能扭头就走。

5）对方讲话时，要注意倾听，不左顾右盼、交头接耳或随便打听，不要有看手机、看手表、伸懒腰、打哈欠、打喷嚏等懒散动作。对方不愿回答的问题，不要追问。在听顾客讲话时，要认真倾听。当对方提到一些不便谈的事情时，不要轻易附和表态，可择机转换话题。如果没有听明白，可以礼貌地再问一遍。谈话中，如果有急事需离开，应向在座顾客打招呼，表示歉意。

6）当顾客之间交谈时，不随意插话，更不要凑前旁听。如果有事要和顾客说话，应先打招呼，表示歉意，说完就离开。

7）同3人以上的顾客交谈时，不能只和其中1人谈话而冷落其他人；也不能只和女顾客或只和男顾客聊天而忽略另一方。所谈之事，不便让更多人知道的，应另外找时机再谈。

8）与女顾客谈话要更谦让、谨慎，不与之开玩笑，争论问题要有节制。不询问女士年龄、衣饰价格及私人生活方面的隐私。

3. 礼貌服务用语

敬语是用来向他人表示意愿、交流思想和沟通信息的重要交际工具，是一种对他人表示友好和尊敬的语言。礼貌服务用语的最大特点是敬语的使用。常用的敬语有问候语、请托语、感谢语、道歉语和道别语。

顾客登门时主动打招呼，使用招呼语，如“您好”“欢迎光临”等。

称呼顾客时，使用称呼语，如“先生”“太太”“女士”“夫人”等。

与顾客谈话时要杜绝“四语”，即不尊重顾客的蔑视语、缺乏耐心的烦躁语、不文明的口头语和难为他人的顶撞语，如“唉”“喂”“不行”，也不能漫不经心、粗言恶语、高声喊叫等。

向顾客问好时使用问候语，如“您好”“早上好”“晚上好”“晚安”“您久等了”等。

听取顾客的要求时，微微点头，使用应答语，如“好的”“明白了”“请稍候”“马上就来”“马上就办”等。

服务有打扰顾客之处或顾客有意见时，使用道歉语，如“对不起”“打扰了”“请原谅”“给您添麻烦了”等。

感谢顾客时，使用感谢语，如“谢谢”“感谢您的提醒”等。

顾客离别时，使用道别语，如“再见”“欢迎再次光临”“祝您一路平安”等。

茶艺师用词要明确达意，讲究语言艺术，用词是否准确、恰当也会给顾客不同的感受，产生不同的效果。如“请这边走”听起来很有礼貌，若把“请”字省去，变成了“这边走”，在语气上就显得生硬，变成命令式的了，这样会使顾客听起来不舒服。另外，恰当、客气的用语也能使人听起来更文雅，也更易于接受，如用“您贵姓?”代替“您叫什么?”等。

茶艺师表达要清晰简练。在茶艺服务过程中，茶艺师要用简练的语言与顾客交谈，如果说话啰唆、拐弯抹角，费了很多时间还讲不清，那么顾客会厌烦、急躁，甚至产生误会。

1.2 茶室准备

1.2.1 岗位职责与服务流程

1. 岗位职责

茶室的岗位职责是为顾客提供安全卫生的茶饮服务。除了顾客到来时的现场服务，更多的工作在顾客到来之前就必须完成。

茶室的岗位一般分为经理、主管、厨师长、迎宾员、茶艺师、厨师、保洁员、保管员、采购员、收银员等。小型的茶室这些岗位往往由几位茶艺师兼任，较大的茶室则定岗定人，各司其职。

1）茶馆经理上对公司负责，下管各部门主管。茶馆经理应具有一定的管理经验和接待能力，社交面广，工作能力强，能吃苦耐劳，仪表大方得体，具有责任心、自信心和爱岗敬业的精神；具有一定的审美能力；熟悉茶馆运营原理，熟练地掌握各种有关茶艺方面的专业知识；具有开拓精神、经营意识和经济头脑；人品可靠。

其岗位职责是：制订茶馆的年度、月度营业计划，带领员工进行各项经营活动；分析年度、月度经营报告；根据市场情况和不同时期的需要，制订茶馆的促销计划；制订茶馆必需的服务标准及操作规程；协调资金的流动，控制库存和订货数量；抓好茶馆员工的队伍建设工作，制订必要的考核制度；抓好设备、设施的维护工作，加强日常管理，做好卫生和安全工作；指导、监督和管理下属人员的工作。

2）茶馆主管上对经理负责，下管茶艺师及服务人员、吧台员。茶馆主管应具有强烈的事业心和责任感、高尚的职业道德、良好的纪律素养；精通业务，具有一定的语言表达能力，能够运用顾客所能接受的语言服务；应变能力要强，善于处理各种突发情况；掌握茶艺表演及茶馆服务的标准和要求，了解服务的程序；能熟练制作各种营业报表，正确评估员工的工作，培训员工并激励下属。

其岗位职责是：制订茶馆的安全卫生、茶饮料控制、服务规范等各项规章制度，并组织实施；制订茶饮的调配方法；配合茶馆经理做好各种促销活动；召开班前会，布置任务；安排员工的班次，督导员工的日常工作；处理顾客对茶饮及食品的投诉，主动了解顾客的反馈意见及建议；负责员工的评估工作，并向经理建议员工的奖惩建议；组织员工的培训，确保服务人员的素质逐步上升和工作态度端正；及时向经理汇报茶馆的经营状况。

3）厨师长上对经理负责，下管茶餐厨师、洗碗工。一般大型茶馆才会有这一岗位。厨师长应具有强烈的工作责任心，有高尚的职业道德；受过专业的技术训练，并在生产管理方面及食品卫生与营养方面经过专业培训，有丰富的实际操作经历．会设计茶菜肴及茶点心；能熟练制作各种茶餐点，具有相应的业务等级证书。

其岗位职责是：根据茶馆的特点和要求，制订茶馆的餐食和芡点；制订茶餐生产的流程及岗位责任制；制订茶馆原料的订购计划，控制原料的进货质量；负责对原料进出的把关，合理控制成本；调配茶馆后场人员的生产活动；做好每日的食品卫生及环境卫生；定期开展业务技术培训，提高员工的基本技能；对员工进行有效的评估、考核。

4）迎宾员对主管负责。迎宾员应具有良好的工作责任心和责任感，有高尚的职业道德；能进行简单的英语会话，掌握应对各种类型顾客的问候语；体态端庄，仪姿端正；有服务意识，能给人亲切感，掌握迎宾工作的规范要求，对客友好，不卑不亢。

其岗位职责是：协助车管人员保持大厅门前车辆的正常通行，保证泊车井然有序；为来宾开门，并问候、引导顾客；为顾客保存衣物及物品；接听电话，接受和安排预订，并及时通知服务人员。

5）茶艺师对主管负责。茶艺师应具有强烈的工作责任心和责任感，有高尚的职业道德及良好的纪律素养；具有专业的茶艺培训证书，了解茶品的知识，具备规范的茶叶冲泡技术，有一定的实际操作经验；具有良好的口头表达能力，善于沟通与交流；了解食品与茶叶的营养卫生知识，懂得相关的法律、法规知识。

其岗位职责是：做好每天营业前的准备工作，查点茶艺表演的器物及所用的茶叶；做好个人卫生与器物卫生；需要熟练掌握本店所售茶品的价格、品质和冲泡方法，有熟练的茶艺基本技能与服务技巧；按照标准和程序为顾客提供茶水及茶艺服务；做好茶艺表演收尾工作；注意控制茶叶的成本；注意器物的消毒，以及茶具的清洗；定期接受培训和交流，提高业务素质。

6）保洁员对厨师长负责。保洁员通常也负责餐具洗涤工作，由厨师长管理，小茶室的保洁员由经理直接管理。保洁员应热爱本职工作，吃苦耐劳，懂得清洗茶具的一般程序，了解基本的卫生常识。

其岗位职责是：负责整个茶室的环境卫生，从地面、桌面到墙角，不能有灰尘垃圾和蜘蛛网；按程序对器具进行洗涤，如果是机器设备洗涤，需按照机器操作的程序进行，按计量配比洗涤液；每个服务周期结束，就要将茶具进行清洗、消毒，保证器具洗涤后的安全与卫生；及时清理垃圾；如果有需要，随时接受调遣。

7）保管员负责茶叶、茶具、餐具及其他物品的保管与验收，负责仓库的整理；要经常检查茶具是否破损、是否成套；茶叶质量是否合格，品种及数量是否齐备。日常管理中，要对暂时闲置的设备进行编码造册登记；做好易耗品与劳保用品的登记与发放。根据情况，及时向采购人员提交申购单。

8）茶餐厨师向厨师长负责，小型茶馆通常由经理直接领导。茶餐厨师应热爱本职工作，认真负责；有一定的菜肴制作经验，了解菜肴制作的基本规律和技法。

其岗位职责是：负责茶馆的茶餐点的制作工作，满足顾客对餐食的特殊要求；保证食品制作的安全与卫生；对所使用原材料要厉行节约；安全操作厨房的各种机械、设备。

9）采购员负责茶室各项物品的采购工作，要求知识面广，熟悉市场行情，能够按照各部门要求采购性价比合适的物品、茶叶、食材。在采购人员的选择上，小型茶馆一般是老板或其亲属去采购，大型的茶馆应该有专门的采购部门。采购人员首先应当具备良好的职业道德，同时还要是原料鉴别的行家，有较强的业务能力。

10）收银员负责收取钱款，并于每日打烊后整理当天的账目。由于茶馆的规模一般不会太大，大多不会配专职的财会人员，因此每月月底，收银员要对当月营收情况进行汇总分析。

2. 服务流程

服务流程是服务工作的次序，有了设计合理的服务流程，才会有流畅、有序的服务。流程设计以茶馆的经营内容与风格为依据，以方便顾客为宗旨，而不应当从方便茶馆管理的角度来考虑。下面是茶馆的基本服务流程。

保洁→迎宾→引客入座→点单→上茶食→茶艺服务→添水→结账→收台。

这一流程基本是每个茶馆都采纳的，其他服务流程都是在此基础之上的丰富与补充，具体执行时可能因各茶馆的情况而异。

在开门迎宾前，保洁员必须已经完成茶室的保洁工作，不应当出现一边招呼顾客一边打扫卫生的情况。

茶馆在每天的营业时间都应该有人负责迎宾，大型的茶馆一般要配备专门的迎宾人员，小型茶馆可以由服务员兼任，在顾客进入店堂后，有礼貌地将顾客引到座位上，并询问顾客的需要。与顾客交流时，迎宾员尽可能少用格式化的语言，要让顾客产生亲切感。可以用“您来啦”“里边请”之类的词语，待顾客入座后，递上茶单，问“您需要什么茶?”“尝尝我们家的点心吧，配上红茶很好吃的”等。热情中要透着一点端庄，体贴中透着自然，把顾客当朋友来招待。

在领客时要说“请跟我来”“这边请”，同时做出引导的手势，服务人员应走在顾客的前方，步速不宜太快，应随时回头与顾客联系或微笑致意。到茶馆的顾客大多喜欢安静的环境，尤其是一些商务顾客，比较喜欢半封闭的座位。在安排位置时，在允许的情况下，一定要为顾客安排喜欢的位置。另外，不是所有的茶馆都有领客员，一些快节奏的茶餐厅在风格上类似于快餐厅，基本上不需要领客员。

顾客落座后，服务人员要送上茶水单，待顾客点单后，应尽快将茶与瓜子、花生等茶食端送至顾客面前，避免顾客空坐。

顾客所点饮食，需用托盘奉上。手托托盘的姿势要大方，动作要熟练；托盘要洗净擦干，并在盘内垫好专用盘巾或小方巾以防止滑动；盘巾要干净；盘内物品排列整齐，分布得当；为顾客奉食奉茶时，动作要轻，不要把食物撒落在桌上。

茶艺师按照不同茶品的标准流程为顾客冲泡两次。斟茶及奉茶时要注意不要把茶水滴在顾客的衣服上，斟茶的人手上要带一块茶巾，随时擦掉滴在桌上的茶水。冲泡前要让顾客看清楚茶叶的质量。冲泡结束后就离开茶桌，在茶室附近，大约每隔半小时进去为顾客续水。

当顾客表示要结账时，应立即到收银台将账单取来，请顾客核对后，如果是现金则将钱款交送收款台，并将发票交给顾客。在结账时不要高声报出消费金额，找零的钱放在信封里或托盘上交给顾客。

有时顾客示意服务员收台，但又没有离开的意思，服务员在收台时要注意不要影响顾客的谈话。即使已到了茶馆打烊的时间了，也不要关灯或当着顾客的面清理卫生。当顾客点用的茶食有剩余时，要主动提出为顾客打包，这样可以照顾到一些想打包又不好意思说的顾客的心理，赢得顾客的好感。在顾客结账离开时，服务员要提醒顾客不要忘了携带随身的物品，送客时说“欢迎再来”“您走好”“您慢走”“再来坐”等。

若有未拆封的小包装食品，可回收，其余的需要全部清理干净，并且擦净台面，椅凳按原位复位，桌面上所有器具及物件均按原位摆放整齐，地面清扫干净。若发现顾客有遗留物品，应及时联系并告知顾客，尽快交还给顾客，不得私自藏匿。

1.2.2 茶室环境

1. 清洁卫生

茶室应给人以清洁舒适的感觉，清洁是舒适的基础。清洁工作应该按程序进行，这需要对保洁人员进行专门的培训。

清洁工具的选择上应该先干后湿。先用干布、掸子去掉浮灰，再用湿布擦干净。如果反过来，先用湿布擦，会使浮灰粘住，等水干后，家具门窗的表面看起来还是不干净。

空间清洁的顺序应该先上后下、先里后外、先家具门窗后地面。这样可以最高效地做完空间的清洁工作。

茶室的角落和家具背面很容易有蜘蛛网，这些地方又有可能被顾客看到，比如座位的角落部分、门的背后等。所以这些地方要第一时间打扫，以免遗漏。墙面的灰尘也是容易被忽视的，一般人会因为墙面不易落灰而忘记打扫，这样时间长了，室内看起来就不够整洁。

茶室内绿植的叶面及花盆的外侧常有灰尘，不收拾干净会显得疏于管理，要定期用湿布擦拭。绿植在施肥及治虫时会有令人不舒服的异味，应该等气味散去后再放在室内。

清洁用的抹布每天要用洗涤液清洗干净并晒干或烘干，否则抹布上会有馊臭的气味，用它来抹桌子，桌上也会留下气味。同样，拖地的抹布也要及时晒干，否则拖地后地面上也会留下异味。

卫生间要每天及时清理，洗手液、手纸要经常检查补充。很多茶室的卫生间会放小香皂，并放一些小毛巾供顾客擦手，这些香皂与毛巾反复使用，是卫生隐患。用洗手液与干燥的一次性纸巾会让人觉得更干净，电热干手机是更环保的选择。

清洁环境的洁具应与清洗茶具的洁具分开，以免对茶具造成污染。

所有清洁工具应该有专门摆放的空间，用过以后及时归位，尤其在每日工作结束时要把工具放回原位。这样，只要是经过岗前培训的员工，就会很容易找到这些工具。

茶室里要经常开窗通风，拆洗空调滤网，保持室内空气清新。如果用空气清新剂，注意不要选气味太浓烈的，以免影响茶的气味。可以在室内放一些香橼、佛手之类的果品，也可摆些清雅的兰花，既美化环境，又芳香了空气。

2. 环境布置

茶馆大的环境在装修时就已经定下来了，茶艺师及其他工作人员要做的是根据具体的情况，用各种装饰品来布置空间，营造茶室的氛围。总的来说，茶室的布置首先要与大环境协调，其次要有季节性特点，最后要符合当前营销的主题。茶馆的装饰品常见的有字画、古玩、花卉、盆景、雕塑、茶具等。

悬挂字画是茶馆的传统装饰。日本的茶室有专门悬挂字画的位置，中式茶馆则要根据茶馆的具体布局来确定字画的位置。传统风格的茶馆大都是在门厅的中心位置挂一幅中堂，在中堂的两边挂一副对联，在中堂的上方悬一匾额。如果门厅较大，也可在其正面墙上安置大幅国画，如果门厅里有柱子，可在上面悬挂楹联。现代气息较浓的茶馆根据风格不同，可选择国画、书法、水粉画或油画，形式上选用画框较为适合。较宽的过道可以悬挂一些条幅，较窄的过道则适合悬挂一些画框。通常过道与包厢中的字画不宜过大。

对联是传统中式茶室常见的装饰，各个茶室应根据自己的风格特点来选择不同的茶联，忌悬挂通用的对联。常用的茶室对联如下：

竹无俗韵，茗有奇香。

水汲龙脑液，茶烹雀舌春。

诗写梅花月，茶煎谷雨春。

尘虑一时净，清风两腋生。

龙井泉多奇味，武夷茶发异香。

泉香好解相如渴，火候闲平东坡诗。

秋夜凉风夏时雨，石上清泉竹里茶。

为爱清香频入座，欣同知己细谈心。

茶亦醉人何必酒，书能香我无须花。

花笺茗碗香千载，云影波光活一楼。

松涛烹雪醒诗梦，竹院浮烟荡俗尘。

九曲夷山采雀舌，一溪活水煮龙团。

雀舌未经三月雨，龙芽新占一枝春。

瑞草抽芽分雀舌，名花采蕊结龙团。

素雅为佳松竹绿，幽淡最奇芝兰香。

幽借山巅云雾质，香凭崖畔芝兰魂。

翠叶烟腾冰碗碧，绿芽光照玉瓯青。

泉从石出清亦冽，茶自峰生味更圆。

一杯春露暂留客，两腋清风几欲仙

陆羽谱经卢仝解渴，武夷选品顾渚分香。

喜报捷音一壶春暖，畅谈国事两腋生风。

采向雨前，烹宜竹里；经翻陆羽，歌记卢仝。

楚尾吴头，一片青山入座；淮南江北，半潭秋水烹茶。

古玩适合放在传统茶馆中，现代风格的茶馆就不太适合摆放。大厅中可以划出一块地方放置博古架来集中摆放古玩，也可以把比较珍贵的古玩摆放在大厅中的显眼位置，既要便于顾客观赏，又不能影响人的行动。常见的古玩有玉器、石雕、木雕、根雕等。

绿色植物是茶馆中最赏心悦目的风景。厅堂很大且光线很好的茶馆，可以考虑大面积地种些植物，既美观又突出了与自然融合的意境；没有条件的话，在茶馆的四角或空余的地方放一些盆栽也很好。常用的有广东万年青、大王万年青、观音莲、龟背竹、君子兰、巴西木、发财树、散尾葵、苏铁、棕竹、绿萝、吊兰等。一般来说，茶馆中不要放花，尤其是香浓色艳的花，但如果选择得当，插花也可以成为很不错的点缀，大厅中的插花不宜太小。盆景可用大型的，水石盆景与花木盆景都可以，形状较小的可与古玩一同放在博古架上。开放式或较高的过道，可以在顶上点缀一些藤蔓植物，较宽的过道则可以在墙上做一些窄窄的隔板，放些盆栽或插花小品，如果用插花，花宜淡雅。老年顾客较多的茶馆，可在包厢放些龟背竹，它的吉祥寓意很容易得到老人们的欢心。绿萝、吊兰、袖珍椰子也都适合放在面积不大的包厢里。

普通的茶馆可摆些招牌式的茶具，如一只很大的茶壶，一些兼营茶具的店则可以在大厅辟一处茶具专区。陈列方式要与茶馆风格协调，古典的可用红木、紫檀茶具架或博古架，现代的可用实木或是玻璃茶具柜，名贵的茶具要放在突出显眼的地方。

1.2.3 茶具准备

茶馆所用茶具的种类非常多，按风格来分有中式、西式、日式、古典、现代，按质地来分有陶瓷、玻璃、金属、竹木等材质。通常人们习惯按质地来分。茶具的清洗关系到卫生问题，如果清洗不当还会影响茶的滋味与香气。茶室中的茶具有单独使用的，但更多的是组合使用的，包括主茶具与辅助茶具。主茶具是泡茶的主要用具，大多数场合都要用到，如茶壶、茶杯、茶碗、盖碗等；辅助茶具是在特定场合下使用的，在普通场合往往可以省略。一般来说，茶馆用到整套的茶具组合较多，而普通的茶馆使用频率较高的是简化后的茶具。

1. 茶具的配置

茶具配置主要从两方面来考虑，首先是茶具的实用性，其次是茶具的工艺品质。茶具工艺品质的选择与茶馆的档次有关，中高档的茶馆或包厢里配置的茶具档次、品味也应高一些。茶具的实用性选择与茶馆的类型有关，同样喝乌龙茶，茶馆里必须有工夫茶茶具，而茶餐厅里则可用玻璃杯。下面介绍一下茶具的实用性配置。

基本配置是大部分茶馆都应该有的茶具配置，有两大类：储存茶具与水具。储存茶具主要是茶瓮（存放茶叶的容器），锡制茶瓮、瓷茶瓮与玻璃茶瓮最常见。玻璃茶瓮的展示效果较好但茶叶易变质，而锡制茶瓮是传统上认为的储存茶叶的上等器具。水具的要求是不能污染水质，形状以方便贮水的为好。作为茶馆基本配置的水具主要有电水壶和保温瓶。

茶室所配的茶具与其主打的茶艺种类有关，茶艺按茶叶种类主要分为乌龙茶茶艺、红茶茶艺、绿茶茶艺、普洱茶茶艺、花茶茶艺。这些茶艺所用茶具并无严格绝对的区别。除了这

5 种，还有日本的茶道。这些茶具基本上可分为 3 类：乌龙茶、红茶和普洱茶的茶具基本相似，为工夫茶具；绿茶与花茶的茶具基本相似；日本的茶道茶具为单独一类。

（1）乌龙茶茶具

1）煮水具：潮汕风炉、玉书碨、砂铫、随手泡。

2）储存茶具：锡茶罐、瓷茶罐、赏茶荷。

3）泡茶具：孟臣罐、茶船、盖碗、公道杯、茶盘、茶洗、盖置、茶艺用品组、水盂、茶巾、同心杯。

4）品茶具：若琛瓯、闻香杯、茶托。

这些茶具并非都要备上，潮汕风炉、玉书碨、砂铫是潮汕工夫茶所必备的，闽台工夫茶并不会用到。其他如孟臣罐是紫砂小壶的别称；若琛瓯是品茗杯的别称；闻香杯是台式工夫茶中特别设计的，闽粤工夫茶中都没有。

（2）红茶茶具

1）煮水具：潮汕风炉、玉书碨、砂铫、随手泡、石英壶。

2）储存茶具：锡茶罐、瓷茶罐、赏茶荷。

3）泡茶具：紫砂壶、玻璃冲茶器、白瓷壶、茶盘、茶洗、茶艺用品组、水盂、柠檬切片盘（带夹）、糖罐、奶缸。

4）品茶具：品茗杯、茶托、咖啡杯。

其中的奶缸、糖罐、咖啡杯等是为调饮红茶准备的。

（3）普洱茶茶具　普洱茶茶具与工夫茶茶具相仿，不一一列出。

（4）绿茶、花茶茶具

1）煮水具：随手泡、开水壶。

2）储存茶具：锡茶罐、瓷茶罐、赏茶荷。

3）泡茶具：瓷壶、石英壶、茶盘、茶艺用品组、水盂、茶巾。

4）品茶具：直身无花玻璃杯、瓷杯、盖碗。

南北使用茶具不一，简单的用玻璃杯泡就可以，复杂一些的会用盖碗来泡。冲泡花茶大多数时候用盖碗。

（5）日式茶道茶具　日式茶道茶具种类非常多而且复杂，这里按上面中国茶具的用途一样分为 4 类，其中相对次要些的就没放在里面。

1）煮水具：风炉、茶釜（煮水用的有盖铁制大钵）。

2）储存茶具：茶罐、茶盒。

3）泡茶具：急须（泡茶用的带柄有嘴罐）、水勺、茶勺、点茶架、茶筅。

4）品茶具：茶碗。日式抹茶道与煎茶道的茶具不尽相同，煎茶道的工具类似于中式工夫茶的茶具。

2. 用品的清洗

新紫砂壶在使用前可以先放些茶叶用滚水泡一下，或煮一下，多泡几次更好，再用泡过的茶叶里外擦洗，将壶内残留的砂粒彻底清除。这样可以清除一些新壶的异味。泡茶之前宜先用热水冲淋茶壶内外，然后趁热擦拭壶身。准备一条干净的细棉巾，分别在第一泡、第二泡、第三泡的浸泡时间内，分几次把整个壶身拭遍，利用热水的温度，使壶身变得更加亮润。热水淋壶还有去除霉味，消毒与暖壶的功效。每次泡完茶后，应倒掉茶渣，用热水冲去残留在壶身的茶汤，以保持壶里壶外的清洁。壶内不要浸置茶汤，不可积存湿气，应打开壶盖，放在通风易干之处，等到完全晾干后再妥善收存。这样才能使紫砂壶保养得宜，光泽自然。

绝对不能用化学清洗剂刷洗紫砂壶，因为紫砂壶不施釉，壶身上有细微的孔隙会留存清洗剂的气味。

器具的雅洁是茶艺活动的要素，因此，清洁工作不可省。泡茶前应先将所有器具检查一遍并逐一做好清洁工作，其中壶杯器具应洗烫干净，抹拭光亮，茶匙组合等器件也应抹拭一遍。

茶具在使用时，要经常擦拭茶具表面的茶渍，尤其是在泡普洱茶时。泡饮用的茶壶、茶杯应先清水、后热水烫洗干净，拭干后收放起来，防止残留水痕和尘埃污染。擦洗茶具时注意不可在茶具上留下划痕。

玻璃茶具一般不要和其他茶具一同清洗。洗净后的玻璃茶具要用口布擦拭干净，并注意不要在茶具上留下指纹。

擦拭茶具的茶巾要分干湿两块，湿的用来清洗茶具，干的用来擦干茶具上的水渍。每次清洗后，要把茶巾也清洗并晾晒干燥。擦拭茶具的抹布不可与擦桌子的抹布混用。

3. 茶具的消毒

茶具的消毒方法有煮沸消毒、蒸汽消毒、加热消毒、紫外线消毒、洗涤剂消毒。

煮沸消毒一般是将洗涤好的茶具用沸水煮5分钟左右。加热消毒是将洗涤干净的餐具置入蒸汽柜或箱中，使温度升到100℃，消毒5~10分钟；用锅加水煮沸后产生大量蒸汽消毒茶具，效果也很好，不会使餐具挂上水碱，也是很好的消毒方法之一。

消毒柜是茶室中常用的工具，按照消毒方式分：电热消毒、臭氧消毒、紫外线消毒。电热消毒温度一般在120℃左右，消毒15~20分钟；臭氧消毒通过臭氧进行消毒；紫外线消毒柜把紫外线作为消毒手段，但单靠紫外线消毒茶具是不够的。组合型茶具消毒柜由两种或两种以上消毒方法组合而成，如臭氧+加热组合型消毒柜，通常把茶具在消毒柜内先消毒30分钟，再烘干60分钟就可以了。消毒柜使用后打开柜门时可能会有少量臭氧味溢出，虽无碍健康，但会有感观上的不愉快，所以在消毒后不要立刻拿来使用。使用消毒柜时，茶具应竖放在层架上，如果叠放，会影响消毒效果。漆器及塑料、胶木茶具等不可以放进消毒柜，以免受热损坏。

浸泡消毒用于不耐高温的茶具，可使用漂白粉、氯胺T钠、高锰酸钾等消毒液浸泡。浸泡时一定要注意药液必须没过茶具；药液浓度要按规定投放，消毒后再用清水冲洗干净，最好用流动水冲洗清除茶具表面上残留的消毒剂，去掉异味。洗涤剂消毒在清洗茶具时会用到，要选用没有异味的，并且要用流水冲洗干净，以免残留气味。对于无釉的陶器、瓦器及开片的瓷器，不宜用洗涤剂来消毒，以免气味留在茶具上。

1.2.4 茶室电器

1. 茶室的照明灯光

现代茶馆茶室讲究整体的室内装修和灯光搭配，茶馆茶室是高雅幽静的休闲场所。现代茶馆灯光设计应重点展现灯光艺术，通常通过灯具造型和灯光搭配来展现。每日营业前都要检查一下灯光与音响，尽快更换坏掉的灯泡。

茶室的灯光应柔和一些，不宜太亮如餐厅，也不宜太昏暗。偏白或偏蓝的灯光会让顾客觉得冷而不愿意久坐，一般选择暖色光，营造一种轻松舒适的环境。LED 灯因节能环保，光线表现佳，现在茶室装修多用 LED 灯泡或灯带。一般在茶案茶几上面的光照度适当高一些，整体来说有一定的明暗对比，营造舒适有格调的氛围。

茶室的照明设备主要包括门灯、顶灯、台灯、吊灯、案灯等。使用时，注意电源周围要防潮，插座要牢固，以防跑电漏电。擦拭灯罩，尤其是灯泡、灯管时要断电，且只能用干布擦，绝不能用湿布擦。

茶室的灯光应该分区域和位置单独控制，工作人员根据需要打开局部或整体的灯光，保证照明和营造良好的灯光氛围。要及时开关，做好节能工作，杜绝能源浪费。

特别需要注意的是，工作人员每天下班前应协同值班人员，清理营业场地，对所有的电器（空调、电视等）、电源、门窗、房间进行认真检查。

2. 茶室的音响

音响设备要保证正常可用，播放时不可以有电流声或其他杂音。每日工作前，把音量调到舒适的程度，不宜太高，以不影响顾客低声交谈为度。一般来说，茶馆的音乐以旋律轻松、优雅的曲子为主，具体的乐曲选择还要看茶馆的文化定位。乐器以古琴、尺八之类为好，空间大的茶室可以用古筝。唢呐之类的音乐不适合茶室的风格。现代风格的茶馆则可选用西方乐器演奏的曲子，小提琴、萨克斯等比较合适。打击乐尽量不要使用。

茶室的音响主要用于播放背景音乐，营造适宜品茶的氛围，根据茶室的情况一般安装比较隐蔽的定压吸顶音响，音响的装配数量可请专业人士按照面积测算。每个包厢或者独立空间应装备单独的开关进行音量控制，工作人员要根据茶室的入座情况开放不同空间的音响。

开机前员工应做好准备工作，逐个频道逐个空间监听，确认音源和控制器完好，准备好当天要使用的 U 盘或唱片，检查其能否正常播放。关闭公共区域和客房区域的背景音响功率放大器后，应取出音响系统中的 U 盘或唱片，将其存放在指定位置。若发现损坏、磨损、破损严重影响播放效果，应单独放置并报领班处理。

1.2.5 消防措施

为了认真贯彻和落实“预防为主，消防结合”的消防工作方针，确保消防安全，根据《中华人民共和国消防法》的规定，茶楼茶室应结合本单位实际情况配置消防灭火设备并制订消防安全管理制度，员工要学会正确使用灭火器、防毒面具，以及发生火灾时的处理措施和逃生路线。

1. 火灾类型与适用的灭火器

A 类，含有碳固体火灾，适用清水灭火器、泡沫灭火器、干粉灭火器（ABC 干粉灭火器）。

B 类，可燃液体火灾，适用干粉灭火器（ABC 干粉灭火器）、二氧化碳灭火器、泡沫灭火器（适用油类，不适用极性溶剂火灾）。

C 类，可燃气体火灾，适用干粉灭火器（ABC 干粉灭火器）、二氧化碳灭火器。

D 类，金属火灾，无合适的灭火器，适用沙土灭火。

E 类，带电燃烧的火灾，适用干粉灭火器（ABC 干粉灭火器）、二氧化碳灭火器。

灭火器的使用大致可以分为 5 个步骤，分别是提（提灭火器）、拔（拔保险销）、握（握喷管最前端）、对（对准火源根部）、喷（按压阀，瞄准火源进行喷射）。

2. 防毒面具常见种类及使用方法

防毒面具有过滤式和隔离式。一般场所配备的都是隔离式防毒面具。使用时迅速戴在头上之后，要拔掉呼吸阀盖子，并尽力拉紧两端的带子，以隔绝火灾产生的有毒气体。普通的防毒面具有效时间为半小时，所以戴好后，要迅速撤离。

日常进行消防检查时，要确保灭火器和防毒面具在有效期之内，并且无破损或缺陷。

复习思考题

1. 如何根据茶艺活动的具体情况来着装？
2. 茶艺师容貌与手部的护理要求有哪些？
3. 如何训练茶艺服务的行为举止？
4. 茶艺师的语言礼仪与技巧有哪些？
5. 简述茶馆每个岗位的职责及工作流程。
6. 如何根据茶室的特点选择合适的对联？
7. 茶室的茶具配置有什么具体要求？
8. 简述茶具清洗、消毒的注意事项。
9. 茶室工作中如何做到安全使用电器？

项目 2

茶艺服务

- 茶艺服务
  - 冲泡备器
    - 绿茶基础知识
    - 红茶基础知识
    - 黄茶基础知识
    - 白茶基础知识
    - 乌龙茶基础知识
    - 黑茶基础知识
    - 再加工茶基础知识
    - 茶单选茶
    - 泡茶器具的种类与使用方法
    - 安全用电与烧水器具的使用
  - 冲泡演示
    - 投茶量
    - 冲泡水温与浸泡时间
    - 不同茶具冲泡演示
    - 茶叶品饮

2.1 冲泡备器

在茶艺服务中，茶艺师应对茶叶、茶具的基本知识有所了解。

依据《茶叶分类》（GB/T 30766—2014）标准，以茶叶的加工工艺、产品特性为主，结合茶树品种、鲜叶原料、生产地域对茶叶进行分类，分成绿茶、红茶、黄茶、白茶、乌龙茶、黑茶6大茶类，加上再加工茶，一共7大类。

此外，还需要了解茶单的安排与使用，了解各种茶具在冲泡中的使用方法等。

2.1.1 绿茶基础知识

绿茶按工艺分有炒青、烘青、晒青和蒸青4大类。前3者指的是茶叶的干燥工艺，蒸青指茶的杀青工艺。

1. 炒青绿茶

炒青绿茶是指在初加工过程中，干燥以炒为主（或全部都是炒的工艺），形成香气浓郁高爽、滋味浓醇厚爽的炒青绿茶风格。炒青绿茶在干燥中，由于受到机械或手工的作用力不同，形成长条形、圆珠形、扁平形、针形、螺形等不同的形状，故又分为长炒青、圆炒青、扁炒青、特种炒青等。

（1）长炒青品质特征　一般要求外形条索细嫩紧结有锋苗，色泽绿润，内质香气高鲜，汤色绿明，滋味浓而爽口，富收敛性，叶底嫩匀、嫩绿明亮。由于鲜叶采摘老嫩不同和初制技术的差异，历史上的毛茶分6级12等。长炒青精制后称眉茶，成品的花色有珍眉、贡熙、雨茶、茶芯、针眉、秀眉、茶末等，各具不同的品质特征。

1）眉茶花色品质特征

① 珍眉：条索细紧略直呈弯眉形，平伏匀称，色泽绿润起霜；香气高爽，滋味浓醇；汤色、叶底黄绿明亮。

② 贡熙：长炒青中的圆形茶，精制后称贡熙。外形颗粒近似珠茶，圆结匀整，但有明显切断面，不含碎茶；色泽绿匀起霜；香气纯正，滋味尚浓；汤色浅黄，叶底黄绿尚嫩匀。

③ 雨茶：原系珠茶中分离出的长形茶，现在大部分从眉茶中获取，外形条索细短似雨点状，尚紧；色深绿起霜；香气尚高，滋味尚浓爽；汤色黄绿，叶底黄绿尚嫩匀。

④ 茶芯：全部为碎茶，呈颗粒状，色深绿；香气尚纯，滋味尚浓；汤色略黄，叶底尚匀。

⑤ 针眉：条细如针，大部分为细筋梗，中下段略带片形，内质不及茶芯。

⑥ 秀眉：片形，身骨轻，色泽黄绿稍枯暗；香味粗涩，汤色叶底黄暗。品质较差的称为“三角片”。

⑦ 茶末：粉状，汤色黄绿暗浊，味尚浓而涩。

2）各地区眉茶品质特征

① 屯绿：产于安徽休宁、屯溪，外形条索紧结，匀整壮实，色泽带灰发亮；内质香高鲜持久，带熟板栗香；汤色绿而明亮，滋味浓厚爽口，回甘，叶底嫩绿厚实，柔软。

② 婺绿：产于江西婺源，外形条索匀整，色泽深绿而稍有油光，味厚，收敛性较屯绿强。

③ 遂绿：产于浙江淳安，品质接近屯绿，外形条索壮结重实，色泽绿润起霜；内质香气高，汤色微黄，清澈，滋味浓厚，叶底嫩厚开展，嫩绿明亮。

④ 芜绿：产于安徽，品质接近屯绿，但外形欠匀齐，香气也稍低而叶底较暗。

⑤ 温绿：产于浙江温州，外形条索细紧略扁，芽毫显露，色泽灰绿；内质香气鲜嫩，汤色浅亮，滋味鲜爽，叶底细嫩多芽，明亮带嫩黄色。

⑥ 舒绿：产于安徽舒城，外形条索细紧，嫩梗较多，色泽带灰绿；内质香气高，偶有兰花香，汤色绿，滋味浓厚略涩，叶底柔软，带黄绿色。

⑦ 杭绿：产于浙江杭州，外形条索细紧，色泽绿润；内质香气清高，汤色绿明亮，滋味尚浓，叶底嫩匀、绿明。

⑧ 黔绿：产于贵州，外形条索直而带扁；细紧度不及杭绿；内质香气有甜枣香，汤色清澈明亮，滋味浓厚不涩。

⑨ 湘绿：产于湖南，外形条索尚紧结略扁，色泽略灰暗；内质香气尚高，汤色黄亮，滋味尚浓，叶底黄绿。

（2）圆炒青品质特征　圆炒青外形颗粒圆紧，因产地和采制方法不同，有平炒青、泉岗辉白和涌溪火青等。圆（平）炒青产于浙江嵊州、新昌、上虞等县。因历史上毛茶集中在绍兴平水镇精制和贸易，成品茶外形细圆紧结似珍珠，故称“平水珠茶”或“平绿”，毛茶称“平炒青”“圆炒青”。平炒青品质特征：外形颗粒圆结重实，色泽墨绿油润，香醇味浓，汤色黄绿明亮，叶底嫩匀完整，黄绿明亮。平炒青精制后的成品花色有珠茶、雨茶、秀眉、茶末等。珠茶颗粒比圆炒青更细圆紧结，色泽灰绿起霜；香味较浓厚，但汤色叶底稍黄。圆炒青有两大名品，特征介绍如下。

1）泉岗辉白：产于浙江省嵊州市泉岗村，外观盘花卷曲成颗粒形，白毫隐露，色泽绿中带辉白；香高有栗香，滋味浓醇爽口；汤色嫩绿明亮，叶底嫩匀厚软、完整绿亮。

2）涌溪火青：产于安徽泾县。外形颗粒如腰圆形的绿豆，多白毫，身骨重，色泽墨绿光润；内质香气高纯，汤色浅黄透明，滋味醇厚回甜，叶底匀嫩，色泽绿微黄明亮。

（3）扁炒青品质特征　形状扁平光滑挺直，因产地和制法不同，历史上分为龙井、旗枪、大方 3 种。旗枪产地自 20 世纪 90 年代初开始改制生产龙井茶，目前市场上已难见旗枪茶产品。目前，市场上产品量较多的扁炒青是龙井茶与大方茶。

1）龙井茶（图 2-1、图 2-2）：为地理标志产品，龙井茶根据《地理标志产品　龙井茶》（GB/T 18650—2008）中规定，龙井茶产区根据地域分为西湖产区、钱塘产区和越州产区。西湖产区指杭州市西湖区（西湖风景名胜区）现辖行政区域。钱塘产区指杭州市萧山、滨江、余杭、富阳、临安、桐庐、建德、淳安等县（市、区）现辖行政区域。越州产区指绍兴、越城、新昌、嵊州、诸暨等县（市、区）现辖行政区域以及上虞、磐安、东阳、天台等县（市）现辖部分乡镇区域。

图 2-1 龙井干茶

图 2-2 龙井茶汤

龙井茶鲜叶采摘细嫩，特级茶要求一芽一叶初展，芽叶夹角度小，芽长于叶，芽叶匀齐肥壮，芽叶长度不超过 2.5 厘米，芽叶均匀成朵，具有“色绿、香郁、味甘、形美”的品质特征。龙井茶因产地不同，产品各显特色，西湖龙井茶色泽绿中呈黄，俗称“糙米色”，味香郁甘醇，品质最佳。其他产地的龙井茶由于区域与茶树品种的不同，品质有所差异。近年来产量较高、知名度较大的有大佛龙井茶、越乡龙井茶等。

2）旗枪：原产于西湖龙井茶区四周及毗邻的余杭、富阳、萧山等县。现划为龙井茶钱塘产区。原旗枪采制不及龙井精细。其特征是外形扁平光洁，尚匀整，叶端带嫩茎，色泽绿润，内质香气清爽，汤色嫩绿明亮，滋味醇正鲜和，叶底尚嫩欠绿明。

3）大方：产于安徽歙县和浙江临安、淳安毗邻地区。以歙县老竹大方最著名，多作为窨制花茶的茶坯，窨花后称为花大方。老竹大方由大方和尚于明隆庆年间（1567—1572 年）在歙县南老竹铺创制，生产以黄山种和老竹大方等地方群体种鲜叶为主要原料，于谷雨前采制，要求一芽二叶初展新梢，经拣剔和薄摊，以手工杀青、做坯、整形、辉锅等工序制作而成。外形扁而平直，有较多棱角，色泽黄绿微褐光润，有熟栗香，汤色淡杏绿，滋味浓爽，耐冲泡，叶底厚软黄绿。

（4）特种炒青品质特征　炒青绿茶中除了上述生产量大的长炒青、圆炒青、扁炒青外，还有各种造型的细嫩炒青绿茶，如卷曲形的洞庭碧螺春、都匀毛尖、峨眉峨蕊、蒙顶甘露等；扁平形的峨眉竹叶青、峡州碧峰、茅山青锋等；针形的南京雨花茶、安化松针；直条形的三杯香茶、信阳毛尖、采花毛尖、古丈毛尖、婺源茗眉、雪青茶等。特种炒青绿茶造型丰富，形态紧结，色泽光润度好；香气浓郁，高爽；汤色较深；滋味醇厚甘爽，内含物丰富；叶底嫩尚匀尚完整，主要名品如下：

1）洞庭（山）碧螺春（图 2-3、图 2-4）：产于江苏洞庭山，《地理标志产品　洞庭（山）碧螺春茶》（GB/T 18957—2008）规定的产地为东山镇与西山镇的太湖洞庭山。生产洞庭（山）碧螺春的鲜叶采摘时间规定在春分至谷雨，谷雨后采制的茶不得称为洞庭（山）碧螺春茶。鲜叶采摘标准为一芽一叶初展，一芽一叶，一芽二叶初展，一芽二叶。每批采下的鲜叶嫩度、匀度、净度、新鲜度应基本一致。

图 2-3　碧螺春干茶

图 2-4　碧螺春茶汤

工艺流程：鲜叶拣剔→高温杀青→热揉成形→搓团显毫→文火干燥。其品质特征为外形条索纤细、匀整，卷曲呈螺形，白毫特显，色泽银绿隐翠光润；内质清香持久带有花果香，汤色嫩绿清澈，滋味清鲜回甜，叶底幼嫩柔匀明亮。加工 1 千克干茶的芽头达 12 万~14 万个，在初制时还有一个搓团提毫的手法，使白毫更为显露，条索更为卷曲。

2）南京雨花茶（图 2-5、图 2-6）：产于南京中山陵园和雨花台一带。外形呈松针状，条索紧直浑圆，锋苗挺秀，白毫显露，色泽绿翠；内质香气清高幽雅，汤色绿、清澈明亮，滋味鲜爽，叶底细嫩匀净。

图 2-5　南京雨花茶干茶

图 2-6　南京雨花茶茶汤

3）三杯香茶：产于浙江泰顺县。采用中、小叶种的良种茶树鲜叶，运用绿茶加工工艺制作而成，具有清汤绿叶、香高味醇、耐冲泡的品质特征，分条形三杯香茶和扁形三杯香茶。

4）休宁松萝：产于安徽休宁县琅源山而得名。外形条索紧结卷曲光滑，色泽银绿；内质香气高爽持久，滋味浓厚带苦，汤色、叶底绿亮。

5）安化松针：产于湖南省安化县。外形紧结挺直秀丽，色泽绿翠，形如松针，白毫显露；内质香气馥郁，滋味甜醇，汤色清澈明亮，叶底嫩匀。形质俱佳，具有独特风格。

6）古丈毛尖：产于湖南古丈县。鲜时采摘标准为一芽一二叶初展，采回后须适当摊放，初制经三炒、三揉，最后还有提毫和收锅两个过程，形成条索紧细圆直，白毫显露，色泽翠绿，内质香高持久，有熟板栗香，汤色清明净，滋味浓醇，叶底嫩匀明亮的特征。

7）玲珑茶：产于湖南省桂东县，鲜叶采摘标准为一芽一叶初展，外形条索紧细卷曲，状若环钩，色泽绿润，白毫显露；内质清香馥郁持久，汤色绿亮，滋味浓爽回甘，叶底嫩匀。

8）金坛雀舌：产于江苏省金坛方麓茶场，1980年创制。雀舌茶采于祁门槠叶种、鸠坑种、龙井43和龙井长叶等品种，清明前后采制，采摘标准为芽苞至一芽一叶初展，芽叶长度3厘米以下，通常加工500克特级雀舌茶需采4万~4.5万个芽叶。要求芽叶嫩度匀整，色泽一致。不采紫芽叶、雨水叶，防止芽叶红变。采回的芽叶进厂后均匀摊在竹匾上，经3~5小时摊放，方可炒制。炒制工艺分杀青、摊凉、整形和干燥4道工序。金坛雀舌的品质特点：外形扁平挺直，条索匀整，形似雀舌，色泽绿润；香气清高，滋味醇爽，汤色明亮，叶底嫩匀成朵明亮。

9）信阳毛尖（图2-7、图2-8）：产于河南信阳地区，以车云山的品质最好，制法吸取六安瓜片的帚扫杀青和西湖龙井的理条手法。外形条索紧细、圆、光、直，有锋苗，色泽银绿隐翠；内质香气高鲜，有熟板栗香，汤色碧绿明净，滋味鲜醇厚，饮后回味生津，叶底嫩绿匀整。

图2-7　信阳毛尖干茶

图2-8　信阳毛尖茶汤

10）桂平西山茶：产于广西桂平市海拔700米的西山，已有300年的历史，鲜叶多为一芽一叶或二叶初展，做工精细，分摊放、杀青、揉捻、干燥4个过程。干燥过程先炒后烘。品质特征为外形条索紧细微曲，有锋苗，色泽青翠；内质香气清鲜，汤色清澈明亮，滋味醇甘爽口，叶底柔嫩成朵，嫩绿明亮。

11）凌云白毫：又称凌云白毛茶，产于广西凌云、乐业两县的云雾山中，大部分在海拔800米以上。品种为大叶种，一级、二级以一芽一二叶为标准。干燥分手工炒干和机器烘干两种。外形条索壮实，满披白毫，色泽银灰绿色；内质香气清高，有熟板栗香，汤色清澈明亮，滋味浓厚鲜爽耐冲泡，叶底芽叶肥嫩柔软。

12）都匀毛尖：产于贵州都匀市，外形可与碧螺春媲美，鲜叶要求嫩绿匀齐，细小短薄，一芽一叶初展，形似雀舌，长2~2.5厘米，外形条索紧细卷曲，毫毛显露，色泽绿润；内质香气清鲜，滋味鲜浓回甜，汤色清澈，叶底嫩绿匀齐。

13）茅山青锋：产于江苏金坛市，因源于茅山，形如青锋短剑而得名。外形扁平光滑，挺秀显锋，色泽绿润；内质香气高爽，汤色绿明，滋味鲜醇，叶底嫩匀。

14）庐山云雾茶（图 2-9、图 2-10）：产于江西省九江市庐山。庐山产茶历史悠久，庐山云雾茶主产于江西省九江市庐山 800 米以上的含鄱口、五老峰、汉阳峰、小天池、仙人洞等地。庐山云雾茶古称“闻林茶”，从明朝起始称云雾茶，已有 300 多年历史。庐山云雾茶比其他茶采摘时间晚，一般在谷雨后至立夏之间方开始采摘。以一芽一叶初展为标准，长约 3 厘米。庐山云雾茶加工工艺：杀青、抖散、揉捻、初干、理条、搓条、拣剔、做毫、再干燥 9 道工序。其外形条索紧结壮丽，色泽青翠有毫；内质香气清鲜持久，汤色清澈明亮，滋味醇厚回甘，叶底肥软嫩绿匀齐。

图 2-9　庐山云雾茶干茶

图 2-10　庐山云雾茶茶汤

15）婺源茗眉：产于江西婺源县。用优良品种上梅州茶树的幼嫩芽叶制成，白毫特多。鲜叶采摘标准为一芽一叶初展，初制分杀青、揉捻、烘坯、锅炒、复烘 5 个工序，属于半烘炒绿茶。外形条索紧结，芽头肥壮，白毫显露，色泽绿润；内质香高持久，嫩香明显，汤色清澈明亮，滋味鲜爽醇厚回甘，叶底幼嫩，嫩绿明亮。

16）蒙顶甘露（图 2-11、图 2-12）：产于四川名山县蒙山山顶的甘露峰，蒙山山顶种茶已有 2000 年左右，品质极佳。新中国成立后恢复了传统名茶“黄芽”（属黄茶类），并创制了“甘露”“石花”“万春银叶”和“玉叶长春”4 个新花色。蒙顶甘露鲜叶的采摘以一芽一叶初展为标准，初制特点是鲜叶摊放，高温杀透，三炒三揉和精细烘焙。外形条索紧卷多毫，嫩绿油润；内质香气鲜嫩馥郁芬芳，汤色碧绿带黄，清澈明亮，滋味鲜爽，醇厚回甘，叶底嫩绿，秀丽匀整。

图 2-11　蒙顶甘露干茶

图 2-12　蒙顶甘露茶汤

17）峨眉峨蕊：产于四川峨眉山。采制精细，特级鲜叶的采摘标准是全芽完整，一级是一芽一叶初展；初制方法分四炒三揉一烘。外形条索紧细纤秀，全毫如眉，色泽绿润；内质香高味鲜醇，叶绿汤清。

18）狗牯脑茶：产于江西省遂川县汤湖乡狗牯脑山，创制于清嘉庆年间（1796—1820年）。狗牯脑茶采自当地茶树群体小叶种鲜叶，于清明前后开采，严格采摘标准为一芽一叶。狗牯脑茶加工工艺：拣青、杀青、初揉、二青、复揉、整形、提毫、炒干等工序。其外形紧结秀丽，白毫显露，芽端微勾；香气高雅，略有花香，泡后速沉，汤色清明，滋味醇厚，叶底黄绿。

19）竹叶青：产于四川峨眉山，主产区为海拔800~1200米的清音阁、白龙洞、万年寺、黑水寺一带。外形扁平光润，挺直秀丽，色泽嫩绿油润；香气清香馥郁，汤色嫩绿明亮，滋味鲜嫩醇爽，叶底嫩匀。

20）峡州碧峰：产于湖北宜昌市太平溪，外形紧细圆直毫，色泽深绿油润；内质香气清高持久，汤色清澈明亮，滋味鲜爽醇厚，叶底嫩绿匀整。

21）雪水云绿茶：产于浙江西北富春江畔的桐庐县，为1987年始创的新名茶。桐庐灵秀的山水，曾吸引着无数文人雅士神往，也因此留下了许多与佳茗有关的隽永深邃的诗篇。宋代范仲淹的《萧洒桐庐郡十绝　其六》云："萧洒桐庐郡，春山半是茶。新雷还好事，惊起雨前芽。"清朝陈袞的《桐庐竹枝词》云："谷雨村村摘嫩芽，纷纷香气出篱笆，山家客到无供给，泉水新烹自焙茶。"充分表达了人们对"桐庐"山、水与佳茗的无限向往之情。雪水云绿茶选用迎霜、早逢春、浙农117等良种，采摘要求为单芽，芽匀齐肥壮，不带鱼叶、单片、茶蒂，无病虫斑。加工分摊青、杀青、初烘、理条、整形、复烘、辉锅提香、分级等工艺。雪水云绿茶以色香味形俱佳而见长，全芽匀整，形似莲芯，色泽嫩绿，挺而匀齐，冲在杯中，可见芽芯上下沉浮，清香宜人。

2. 烘青绿茶

烘青绿茶是指在初加工过程中，干燥以烘为主（或全部烘干），形成香气清高鲜爽，滋味清醇甘爽的烘青绿茶，其香味不及炒青绿茶浓郁。烘青绿茶一般根据原料的嫩度分普通（大宗）烘青绿茶和特种（细嫩）烘青绿茶。普通（大宗）烘青绿茶毛茶经精制后大部分作窨制花茶的茶坯，很少直接进入市场销售。特种（细嫩）烘青绿茶是指干燥时烘干的名优绿茶，如黄山毛峰、太平猴魁、安吉白茶、天目青顶等。

（1）普通（大宗）烘青绿茶　全国各产区均有生产。所用鲜叶原料多为一芽二叶至三、四叶，或对夹叶，初制工艺为杀青、揉捻、初烘、摊凉、回潮、足干。

烘青毛茶品质特征：外形条索较紧结，完整，显锋毫，色泽深绿油润；内质香气清高，汤色清澈明亮，滋味鲜醇，叶底完整嫩绿明亮。

烘青（茶坯）的品质特征：外形条索紧结细直，有芽毫，平伏，匀称，色泽深绿油润；内质香味较醇厚，但汤色、叶底稍黄。

烘青花茶品质特征：外形与原来所用的茶坯基本相同，内质的差异主要是香味，特征因所用鲜花不同而有明显差异，如茉莉、白兰、玳玳、珠兰、柚子等。与茶坯比较，窨花后香气鲜灵、浓厚纯正，滋味由鲜醇变为浓厚爽口，涩味减轻而苦味略增，干茶、茶汤、叶底都略黄。

（2）特种（细嫩）烘青绿茶　所用鲜叶原料多为单芽、一芽一叶初展至一芽二叶，干燥采用以烘为主的工艺形式，茶叶受力较小，细胞破损率低。外形多呈自然状态，冲泡时水浸出物含量低。此类产品主要有黄山毛峰、太平猴魁、安吉白茶、六安瓜片、开化龙顶、顾渚紫笋、舒城兰花等。

1）黄山毛峰（图 2-13、图 2-14）：原产于安徽歙县黄山区，现扩展到黄山市行政区域内的屯溪区、黄山区、徽州区、歙县、休宁县、祁门县、黟县等，具体参考《地理标志产品　黄山毛峰茶》（GB/T 19460—2008）。黄山毛峰茶创制于清末，为中国历史名茶。采制黄山毛峰的茶树品种主要为黄山大叶种。产品分特级、1~3 级。外形细嫩，芽肥壮匀齐，有锋毫，形似“雀舌”，鱼叶呈金黄色，俗称金黄片，色泽嫩绿金黄油润，俗称象牙色；香气清鲜高长，汤色清澈、杏黄明亮；滋味甘醇厚、鲜爽；叶底嫩黄，肥厚成朵。

图 2-13　黄山毛峰干茶

图 2-14　黄山毛峰茶汤

2）太平猴魁（图 2-15、图 2-16）：产于安徽省黄山市黄山区（原太平县），曾于 1915 年巴拿马万国博览会上荣获金质奖章。外形平展、整枝、挺直，叶质肥壮重实，含毫而不露，色泽苍绿匀润。传统的两叶抱一芽，如含苞的白兰花，目前市场上大多是两叶抱一芽被压成扁平状，长度 5~10 厘米，宽 0.7~0.9 厘米。内质香气高爽持久，含花香；汤色清绿明净，滋味鲜醇回甘；叶底芽叶肥壮，嫩匀成朵，嫩绿明亮。外形与之相似的有泾县尖茶（极品为提魁与特尖）。

图 2-15　太平猴魁干茶

图 2-16　太平猴魁茶汤

3）安吉白茶（图 2-17、图 2-18）：产于浙江安吉县，为 20 世纪 90 年代新创名茶。安吉白茶选用独特的珍稀茶树良种——“白茶一号”的标准一芽二叶初展的鲜叶加工而成。该品种由当地科技人员从当地茶树中单株选育而成，其特点是经过低温诱导的越冬芽在第二年春茶的生长过程中，当日最高气温在17~25℃间，新梢会出现白化呈“叶白脉绿”（叶肉白、叶脉绿）现象。白叶一号的鲜叶在每年4月产生白化，叶片呈玉白色，叶脉翠绿色，此时鲜叶中的氨基酸含量高达6%以上。安吉白茶就是茶农采摘白化了的鲜叶按照烘青茶的制作工艺（摊青、杀青、理条、初烘、焙干）加工而成的。其品质独特，外形如风羽，色如翠玉，光亮鲜润；冲泡后汤色嫩绿鲜亮，清澈明净，叶底自然开张，叶张玉白；饮之则鲜爽甘醇，齿颊生香。

图 2-17　安吉白茶干茶

图 2-18　安吉白茶茶汤

4）六安瓜片（图2-19、图2-20）：产于安徽六安和金寨两县，以齐云山蝙蝠洞一带所产的品质最好，称“齐云瓜片”。六安瓜片采制方法的独特之处：一是鲜叶必须长到“开面”才采摘，且采单片叶不带芽与茎；二是烘焙分3次进行，火温先低后高，特别是最后拉老火，炉火猛烈，火苗盈尺，抬篮走烘，一罩即去，交替进行。六安瓜片品质特征为外形平展，一片片的不带芽和茎，单片顺直匀整、叶边背卷向上重叠，形似瓜子，所以叫瓜片。干茶色泽翠绿，起霜有润；汤色清澈、香气高长、滋味鲜醇回甘、叶底黄绿匀亮。六安瓜片历史上按采摘季节和原料不同，有银针（芽尖）、提片（第一、二片叶）、瓜片（第三片叶）、梅片（第四片叶以上）之分，新中国成立后六安瓜片分为名片和瓜片（1~4级）共5个级别。

图 2-19　六安瓜片干茶

图 2-20　六安瓜片茶汤

5）开化龙顶：产于浙江省开化县，这里是我国著名的绿茶产地。1979年创制的开化龙顶因品质优异多次获奖。开化龙顶茶采肥嫩的单芽、一芽一叶或一芽二叶初展的鲜叶为原料，经过杀青、揉捻、初烘、理条、烘干等工序，形成了外形紧直挺秀，色泽绿翠，香高味浓醇，并伴有幽兰清香的优良品质。

6）顾渚紫笋：又名湖州紫笋、长兴紫笋，产自浙江省长兴县顾渚山，在唐代就享有盛名，曾被列为天下第一，但年久失传，1978 年春开始恢复生产，是中国历史名茶。紫笋茶名源于陆羽《茶经》："阳崖阴林，紫者上，绿者次；笋者上，芽者次。"原料多选用鸠坑种，特级原料为一芽一叶初展，开采时间一般在 4 月上旬；加工工艺包括摊青、杀青、揉捻、烘干。紫笋茶芽叶微紫，芽形似笋；干茶色泽绿润，叶底芽头肥壮成朵；茶汤清澈，碧绿如茵；香气清高，高档茶兰香扑鼻；滋味鲜醇，甘味生津；茶性温和，品质优异，风格独特。

7）径山茶：产于浙江省杭州市的余杭区径山。径山位于杭州西北 54 千米处，是天目山延伸的东北峰，主峰凌霄峰海拔高达 769 米。径山产茶始于唐朝，闻名于两宋。径山茶选用当地群体种茶树鲜叶为原料，于清明前后开采，鲜叶标准为一芽一叶至一芽二叶，其工艺为小锅杀青，扇风摊凉，轻轻解块，初烘摊凉，文火烘干。其品质特征为条索纤细稍卷曲，芽锋显露略带白毫，色翠绿；清香持久，汤清澈明亮，滋味鲜醇，耐人回味。

8）天山绿茶：产于福建宁德、古田、屏南 3 县的天山山脉。历史悠久，以侨销为主。天山烘绿于 4 月上旬开采，采一芽二三叶，鲜叶经摊放、杀青、揉捻、烘焙，制成毛茶。历史上的天山绿茶有针形、圆形、扁形、曲形的天山毛尖、四季春、清水绿、迎春绿、白玉螺、毫芽、翠芽、银针、银芽、松针、雀舌、螺茗、松子茶、龙珠、绣球、明前早、雨前绿等近 20 个产品。具有香高、味浓、色翠、耐泡 4 大特点。现已恢复与试制的天山绿茶花色品种有天山毛峰、天山银毫、清水绿、郁露、馨绿、清芬等，各具特色。

9）峨眉毛峰：产于四川雅安县。外形条索细紧勾卷，秀丽多毫，色泽嫩绿油润；内质香气高鲜悦鼻，汤色微黄而碧，滋味醇甘鲜爽，叶底匀整、绿明亮。

10）岳西翠兰：产于安徽省大别山腹部的岳西。外形芽叶相连，舒展成朵，色泽翠绿，形似兰花；香气清高馥郁持久，汤色浅绿明亮，滋味浓醇鲜爽，叶底嫩绿明亮。

11）汀溪兰香：创制于 1990 年，产于安徽省泾县汀溪乡。汀溪兰香以当地特有的中柳叶形茶树鲜叶为原料，采摘标准为一芽一叶初展，加工分为杀青、做形和烘焙 3 道工序。成品茶呈绣剪形，肥嫩挺直，色泽翠绿，匀润显毫；香气清纯、高爽持久，滋味鲜醇、甘爽耐泡；汤色嫩绿、清澈明亮；叶底嫩黄、匀整成朵。因该茶芽叶肥嫩整齐，茶叶泡在杯中枝枝如初放的兰花，竖立于茶杯之中，很有观赏趣味。

12）金水翠峰：早在 266—299 年间已有记载，年久失传，目前产品系湖北省果茶研究所研制。品质特征是外形条索紧细挺秀，锋毫显露，色泽翠绿油润；内质香气清鲜，汤色嫩绿明亮，滋味鲜醇；叶底嫩绿匀齐。

13）南糯白毫：产于云南西双版纳勐海县南糯山，海拔 1200 米以上。外形条索紧结壮实，白毫显露；内质香气持久，汤色清澈，滋味鲜浓；叶底嫩匀明亮。

14）无锡毫茶：产于江苏省无锡市。外形肥壮卷曲似螺，披毫，隐绿鲜活；内质清高带嫩香，汤色嫩绿明亮，滋味醇厚鲜爽，叶底单芽、肥嫩，但欠完整。

15）舒城兰花：产于安徽舒城、通城、庐江、岳西一带。创制于明末清初，为历史名茶。关于兰花茶名由来有两种说法：一说是该茶芽叶相连于枝上，形状似一枝兰草花；二说是采制时正值山中兰花盛开，茶叶吸附兰花香，故而得名。舒城兰花以当地群体种茶树鲜叶为原料，于谷雨前后开采，采期10~15天，要求选择叶质肥厚的中叶种新梢，特级兰花采一芽二叶初展，小兰花采一芽二三叶，大兰花采一芽四五叶。加工方法分为杀青、揉捻和烘干等工序。舒城兰花外形芽叶相连似兰草、色泽翠绿、匀润显毫；冲泡后如兰花开放、枝枝直立杯中，有独特的兰花香，汤色绿亮明净，滋味浓醇回甜；叶底成朵，呈嫩黄绿色，叶质厚实耐泡。

3. 晒青绿茶

晒青绿茶是指在初加工过程中，干燥以晒干为主（或全部晒干），形成的是香气较高，滋味浓厚，有日晒气味的晒青绿茶风格。与烘青、炒青绿茶品质有很大的差异。晒青绿茶以云南大叶种的品质最好，称为“滇青”。其他如川青、黔青、桂青、鄂青等晒青绿茶的品质与滇青有较大的差距。晒青绿茶大部分以毛茶原料的形式就地销售，部分再加工成压制茶后内销、边销或侨销。在再加工过程中，不渥堆发酵的如沱茶等仍属绿茶类，经过渥堆发酵的如紧茶、七子饼茶（圆茶）实质上属黑茶类。

（1）滇青毛茶　云南省生产的晒青绿茶，主要以云南大叶和为原料加工而成。条索粗壮，有白毫，色泽深绿尚油润；内质香气高，汤色黄绿明亮，滋味浓尚醇，收敛性强；叶底肥厚。

（2）老青毛茶　产于湖北省咸宁地区，由生长成熟的新梢为原料加工而成。外形条索粗大，色泽乌绿，嫩梢乌尖、白梗、红脚，不带麻梗。湿毛茶晒青属绿茶，堆积后变成黑茶。

4. 蒸青绿茶

蒸汽杀青是我国古代杀青方法，唐代传至日本，相沿至今；而我国则自明代起即改为锅炒杀青。蒸青是利用蒸汽来破坏鲜叶中酶的活性，形成干茶色泽深绿，茶汤碧绿和叶底青绿的“三绿”品质特征，香气清高，滋味清爽。

（1）日本蒸青绿茶　日本是蒸青绿茶主要生产国，因鲜叶和加工方法不同，可分为如下类型。

1）玉露茶：系日本名茶之一，采用以草苫等覆盖的茶园鲜叶加工而成。外形条索细直紧圆稍扁，呈松针状，色泽深绿油润；内质香气具有一种特殊的有点像薹菜般的香气，日本称“蒙香”，汤色浅绿明亮，滋味鲜爽，甘醇调和；叶底青绿，匀称明亮。

2）碾茶：采用覆盖鲜叶经蒸汽杀青，不经揉捻，直接烘干而成。叶态完整松展呈片状，有些似我国的六安瓜片，色泽翠绿；内质香气鲜爽，汤色浅绿清澈明亮，滋味鲜和，叶底绿翠，泡饮时要碾碎成末，供“茶道”用的叫“抹茶”。

3）煎茶：采用一般的鲜叶加工而成，是日本蒸青绿茶的大宗茶。煎茶具有蒸青绿茶干茶的色翠绿、汤色碧绿、叶底青绿的三绿品质特征。高档煎茶外形紧细圆整，挺直呈针形（似松针），匀称而有尖锋，色泽翠绿油润；香气清高鲜爽，汤色嫩绿明亮，滋味鲜醇回甘；

叶底青绿、碎。中低档煎茶外形紧结略扁，挺直，较长，欠匀整，茎梗较多，色绿或青绿；内质香气清纯，汤色绿明，滋味平和而略有青涩；叶底青绿。

4）玉绿茶：采用一般的鲜叶加工而成，与煎茶相比，因无精揉工序，其外形呈条形或圆形，内质香气高爽。

5）深蒸煎茶：采用的鲜叶成熟度较高，蒸青时间是一般煎茶的2~3倍，其他加工工序相同，外形似煎茶，色泽呈黄绿色；内质香味高爽，不及一般煎茶清鲜。

6）番茶：选用大而成熟的叶子制作，有一种鲜明的绿色，香气带点青草的芳香。相对于更高级的煎茶，番茶是较为经济的选择，它的特色是味道较为收敛而浓厚。

（2）我国蒸青绿茶　恩施玉露是我国传统的蒸青绿茶。近年来，由于对外贸易的需要，我国也生产少量蒸青绿茶，产品主要是煎茶。

恩施玉露产于湖北省恩施市东南部，是中国历史名茶。恩施玉露选用一芽一叶或一芽二叶、大小均匀、节短叶密、芽长叶小、色泽浓绿的鲜叶为原料。加工工艺为蒸青、扇干水汽、铲头毛火、揉捻、铲二毛火、整形上光、烘焙、拣选等工序，其中整形上光是造就玉露茶光滑油润、挺直紧细、汤色清澈明亮、香高味醇的重要工序，分悬手搓和“搂、搓、端、扎”4个手法交替使用两个阶段进行。恩施玉露外形条索紧圆光滑，纤细挺直如针，色泽苍翠绿润，被称为“松针”，经沸水冲泡，芽叶复展如生，初时婷婷悬浮杯中，继而沉降杯底，平伏完整，汤色嫩绿明亮，如玉似露，香气清爽，滋味醇和。

中国煎茶主产于浙江、福建和安徽，加工机械与设备从日本引进，加工工艺也是参照日本的加工技术，产品出口日本与欧洲。品质风格似日本煎茶。

2.1.2　红茶基础知识

红茶在初制时，鲜叶经萎凋减重30%~45%，酶活性增强，然后经揉捻或揉切、发酵、烘干，形成红茶的红汤、红叶、香味甜醇的品质特征。红茶有红碎茶、工夫红茶和小种红茶之分，红碎茶品质要求汤味浓、强、鲜，发酵程度偏轻，多酚类保留量为55%~65%；工夫红茶和小种红茶滋味要求醇厚带甜，发酵较充分，多酚类保留量低于50%。

1. 红碎茶

（1）我国红碎茶的类别与基本特征　不同外形的红碎茶有着不一样的品质特征。

1）叶茶，是传统红碎茶的一种花色，条索紧结挺直匀齐，色泽乌润；内质香气芬芳，汤色红亮，滋味醇厚；叶底红亮多嫩茎。

2）碎茶，外形颗粒重实匀齐，色泽乌润或泛棕；内质香气馥郁，汤色红艳，滋味浓鲜爽；叶底红匀。

3）片茶，外形全部为木耳形的屑片或皱折角片，色泽乌褐；内质香气尚纯，汤色尚红，滋味尚浓略涩；叶底红匀。

4）末茶，外形全部为砂粒状末，色泽乌黑或灰褐；内质汤色深暗，香低味粗涩；叶底红暗。

不同鲜叶品种红碎茶的品质特征也有差异。我国有4套红碎茶标准样，用大叶种制成的

一、二套样红碎茶，品质高于用中小叶种制成的三、四套样红碎茶。大叶种和中小叶种红碎茶品质特征如下。

1）大叶种红碎茶外形颗粒紧结重实，有金毫，色泽乌润或红棕；内质香气高锐，汤色红艳，滋味浓强鲜爽；叶底红匀。

2）中小叶种红碎茶外形颗粒紧卷，色泽乌润或棕褐；内质香气高鲜，汤色尚红亮，滋味欠浓强。

红碎茶初制叶经过充分揉切，细胞破坏率高，有利于多酚类酶性氧化和冲泡，香气高锐持久，滋味浓强鲜爽，加牛奶、白糖后仍有较强茶味。红碎茶因揉切方法不同，以及外形、产地、品种等因素，品质特征也有很大差异。不同揉切制法红碎茶的品质特征如下。

1）传统红碎茶。传统揉捻机自然产生的红碎茶滋味浓，强度比卷成条索的叶茶好。为了增加红碎茶的产量，将棱骨改成刀口，采取加压多次揉切的方法。这种盘式揉切法实际上对增加细胞破坏率的效果并不大。相反，叶子长时间闷在揉桶中升温高，使香味欠鲜强，汤色、叶底欠明亮。但干茶色泽较乌润，颗粒也较紧结重实。有的应用传统揉捻机“打条”再用转子机切碎，这种方法所制成的成品有叶茶、碎茶、片茶、末茶 4 种花色，但该生产方法目前已很少应用。

2）转子红碎茶。国外称洛托凡红碎茶，萎凋叶在转筒中挤压推进的同时，达到轧碎叶子和破坏细胞的目的。品质特征是外形颗粒不及传统或 C. T. C 红碎茶紧结重实，但主要问题是转子中叶温过高，致使揉切叶内的多酚类酶性氧化过剧而使有效成分下降，在一定程度上，降低了转子红碎茶的鲜强度。

3）C. T. C 红碎茶。彻底改变了传统的揉切方法。萎凋时通过两个不锈钢滚轴间隙的时间不到 1 秒钟就达到了充分破坏细胞的目的，同时使叶子全部轧碎成颗粒状，发酵均匀而迅速，所以必须及时烘干，才能获得汤味浓强鲜的品质特征。但由于 C. T. C 揉切机的性能和精密度较高，对鲜叶嫩匀度的要求也较高，两个滚轴的间隙必须调节适当，才能保证品质。产品全部为碎、片、末茶，无叶茶，颗粒大小依叶子厚薄及滚轴间隙决定。较其他碎茶稍大而重实匀整，色泽泛棕，成为 C. T. C 红碎茶的特征。

4）L. T. P 红碎茶。锤击式粉碎机，用离心风扇输入和输出叶子，不需要预揉机，对叶细胞的破坏程度比 C. T. C 更大，具有强烈、快速、低温揉切的特性。产品几乎全部为片、末茶，颗粒形碎茶极少，色泽红棕，鲜强度较好；略带涩味，汤色红亮；叶底红匀。该法采用 L. T. P 机与 C. T. C 机联装可产生颗粒紧结的碎茶。

5）不萎凋红碎茶。在雨天因设备不足，来不及进行加温萎凋时，鲜叶就不经萎凋，直接用切烟机切成细条后揉捻，再经发酵、烘干。外形都是扁片；内质汤色、叶底红亮，香味带青涩，刺激性强。

（2）国外红碎茶的品质特征

1）印度红碎茶：主要产区在印度东北部，以阿萨姆产量最多，其次为大吉岭和杜尔司等。

① 阿萨姆红碎茶是用阿萨姆大叶种制成，品质特征是外形金黄色毫尖特多，身骨重；

内质茶汤色深味浓，有强烈的刺激性。

② 大吉岭红碎茶是用中印杂交种制成。外形大小相差很大，具有高山茶的品质特征，有独特的馥郁芳香，称为“核桃香”。

③ 杜尔司红碎茶是用阿萨姆大叶种制成。因雨量多，萎凋困难，茶汤刺激性稍弱，浓厚欠透明。不萎凋红茶刺激性强，但带涩味，汤色、叶底红亮。

2）斯里兰卡红碎茶　按产区海拔不同，分为高山茶、半山茶和平地茶 3 种。茶树大多是无性系的大叶种，外形没有明显差异，芽尖多，做工好，色泽乌黑匀润。内质高山茶最好，香气馥郁，滋味浓；半山茶外形美观，香气高；平地茶外形美观，滋味浓而香。

3）孟加拉红碎茶　主要产区为雪尔赫脱和吉大港，雪尔赫脱红碎茶做工好，汤色深，香味醇和。吉大港红碎茶形状较小，色黑，茶汤色深而味较淡。

4）印尼红碎茶　主要产区为爪哇和苏门答腊。爪哇红碎茶制工精细，外形美观，色泽乌黑。苏门答腊红碎茶品质稳定，外形整齐，滋味醇和。

5）东非红碎茶　主要产区有肯尼亚、乌干达、坦桑尼亚、马拉维等。用大叶种制成，质中等。近年来肯尼亚红碎茶品质提高较明显。

2. 工夫红茶

工夫红茶是我国独特的传统产品，因初制揉捻工序特别注意条索的紧结完整，精制时颇费工夫而得名。外形条索细紧平伏匀称，色泽乌润，内质汤色、叶底红亮，香气鲜甜，滋味甜醇。因产地、茶树品种等不同，品质亦有差异，可分为祁红、滇红、川红、宜红、宁红、闽红等。

（1）祁红（图 2-21、图 2-22）　产于安徽祁门及其毗邻各县，是我国传统工夫红茶中的珍品，有 100 多年的生产历史，在国内外享有盛誉。制工精细，外形条索细秀而稍弯曲，有锋苗，色泽乌润略带灰光；内质香气特征最为明显，带有类似蜜糖或苹果的香气，持久不散，在国际市场誉为“祁门香”，汤色红亮，滋味鲜醇带甜；叶底红艳明亮。

图 2-21　祁红干茶

图 2-22　祁红茶汤

（2）滇红（图 2-23、图 2-24）　产于云南凤庆、临沧、双江等地，用大叶种茶树鲜叶制成，属大叶种类型的工夫茶，是我国工夫红茶的新品。品质特征明显，外形条索肥壮紧结重实，匀整，色泽乌润带红褐，金毫特多；内质香气高鲜，汤色红艳带金圈，滋味浓厚，刺激性强；叶底肥厚，红艳鲜明。

图 2-23 滇红干茶

图 2-24 滇红茶汤

（3）川红 产于四川宜宾等地，创制于20世纪50年代，是我国高品质工夫红茶的后起之秀，以色、香、味、形俱佳而畅销国际市场。外形条索紧结壮实美观，有锋苗，多毫，色泽乌润；内质香气鲜而带橘子香，汤色红亮，滋味鲜醇爽口；叶底红明匀整。

（4）宜红（图 2-25、图 2-26） 产于湖北宜昌恩施地区，据载，宜红茶问世于19世纪中叶，至今已有100余年的历史。外形条索细紧有毫，色泽尚乌润；内质香气甜纯似祁红，汤色红亮，滋味尚鲜醇；叶底红亮。茶汤冷却后，有“冷后浑”现象产生，是我国高品质的工夫红茶之一。

图 2-25 宜红干茶

图 2-26 宜红茶汤

（5）宁红 产于江西修水、武宁、铜鼓等地，是我国最早的工夫茶之一。始于清代道光年间（1821—1850年）。宁红以其独特的风格、优良的品质驰名中外。外形条索紧结，有红筋稍短碎，色泽灰而带红；内质香气清鲜，汤色红亮稍浅，滋味尚浓略甜；叶底开展。高级茶“宁红金毫”条索紧细秀丽、金毫显露，色乌润，香味鲜嫩醇爽，汤色红艳；叶底红嫩多芽。

（6）闽红 分白琳工夫、坦洋工夫和政和工夫3种。白琳工夫外形条索细长弯曲，多白毫，带颗粒状，色泽黄黑；内质香气纯而带甘草香，汤色浅而明亮，滋味清鲜稍淡；叶底鲜红带黄。坦洋工夫外形条索细薄而飘，带白毫，色泽乌黑有光；内质香气稍低，茶汤呈深金黄色，滋味清鲜甜和；叶底光滑。政和工夫分大茶和小茶。大茶用大白茶制成，外形近似滇红，但条索较瘦小，毫多，色泽灰黑；内质香气高而带鲜甜，汤色深，滋味醇厚，叶底肥壮尚红。小茶用小叶种制成，外形条索细紧，色泽灰暗，内质香气像祁红，但不持久，滋味醇和欠厚，汤色、叶底尚鲜红。

（7）湖红　产于湖南安化等县，外形条索紧结重实，有毫，色泽乌润；内质香气尚高长，汤色红亮，滋味醇和；叶底红亮。

（8）越红　产于浙江绍兴及毗邻的诸暨、嵊州等地，又称越红工夫，以条索紧结，重实匀齐，有锋苗，净度高的优美外形著称。越红的品质特点是：条索紧细挺直，色泽乌润。冲泡后，香气纯正，滋味浓醇，汤色红亮，叶底稍暗。

（9）英红（图 2-27、图 2-28）　英红采用云南大叶种、凤凰水仙等优良茶树品种鲜叶制作。外形匀净优美，身骨紧实，色泽乌润，金毫显露；内质汤色红艳，香气浓郁，尤以秋茶高香为最，滋味浓烈；叶底红明亮。单独冲饮，或加奶、糖皆宜。

图 2-27　英红干茶

图 2-28　英红茶汤

3. 小种红茶

小种红茶是我国福建特产，初制工艺是鲜叶、萎凋、揉捻、发酵、过红锅（杀青）、复揉、熏焙等工序。由于采用松柴明火加温萎凋和干燥，干茶带有浓烈的松烟香。小种红茶以崇安星村桐木关所产的品质最佳，称“正山小种”或“星村小种”，毗邻地区生产的称为“外山小种”，政和、建阳等地用工夫红茶切碎烟熏的称为“烟小种”。

1）正山小种（图 2-29、图 2-30）。外形条索粗壮长直，身骨重实，色泽乌黑油润有光；内质香高，具松烟香，汤色呈糖浆状的深金黄色，滋味醇厚，似桂圆汤味；叶底厚实光滑，呈古铜色。外山小种与正山小种特征相似。

图 2-29　正山小种干茶

图 2-30　正山小种茶汤

2）烟小种。条索近似正山小种，身骨稍轻而短钝；带松烟香，汤色稍浅，滋味醇和；

叶底略带古铜色。

2.1.3 黄茶基础知识

黄茶初制与绿茶相似，不同之处在于干燥前后增加一道“闷黄”工序，从而促使多酚类进行部分自动氧化，简单儿茶素明显降低，其含量与绿茶有很大差异。“闷黄”的过程使酯型儿茶素大量减少，使黄茶的香气变纯、滋味变醇。黄茶按鲜叶老嫩的不同，可分为黄芽茶、黄小茶和黄大茶 3 种。

1. 黄芽茶（芽型）

黄芽茶可分为银针和黄芽两种，前者如君山银针，后者如蒙顶黄芽、莫干黄芽等。

（1）君山银针（图 2-31、图 2-32） 产于湖南省岳阳君山。君山银针全由未展开的肥嫩芽头制成。制法特点是在初烘、复烘前后进行摊凉和初包、复包，形成变黄的特征。君山银针外形芽头肥壮挺直，每 500 克约有 2 万个芽头，匀齐，满披茸毛，色泽金黄光亮，称“金镶玉”。内质香气清鲜，汤色浅黄，滋味甜爽，冲泡后芽尖冲向水面，悬空竖立，继而徐徐下沉杯底，状如群笋出土，又似金枪直立，汤色茶影，交相辉映，极为美观。

图 2-31 君山银针干茶

图 2-32 君山银针茶汤

（2）蒙顶黄芽（图 2-33、图 2-34） 产于四川名山县，鲜叶采摘标准为一芽一叶初展，每 500 克有 5 万~6 万个芽头。初制分为杀青、初包、复锅、复包、三炒、四炒、烘焙等过程。外形芽叶整齐，形状扁直，肥嫩多毫，色泽金黄；内质香气清纯，汤色黄亮，滋味甘醇；叶底嫩匀，黄绿明亮。

图 2-33 蒙顶黄芽干茶

图 2-34 蒙顶黄芽茶汤

（3）莫干黄芽　产于浙江德清县莫干山。鲜叶采摘标准为一芽一叶初展，每500克干茶约含4万多个芽头。初制分为摊放、杀青、轻揉、闷黄、初烘、锅炒、复烘7道工序。外形紧细匀齐略勾曲，茸毛显露，色泽黄绿油润；内质香气嫩香持久，汤色澄黄明亮，滋味醇爽可口，叶底幼嫩似莲心。

（4）霍山黄芽（图2-35、图2-36）　产于安徽西部大别山区霍山县，主产于佛子岭水库上游，海拔500米以上的金竹坪、金鸡凼、金山头、乌米尖等地。霍山黄芽起源于唐朝，唐代为蒸青团茶，以茶树上幼嫩的黄色芽叶制成。到宋代以后，贡茶全部改为散茶，霍山黄芽从杀青、毛火（第一次烘干）后采取闷黄的方式。霍山黄芽采摘标准，以一芽一叶和一芽二叶初展为主，不采病虫芽、紫芽、霜冻芽、对口叶。加工工艺流程为：鲜叶摊放、杀青（生锅、熟锅）、毛火、闷黄、摊放、足火、拣剔、复火等。成品茶品质特征是外形条直微展，匀齐成朵，形似雀舌，嫩绿披毫；内质汤色黄绿、清澈明亮，香气清香持久，滋味鲜醇、浓厚回甘；叶底嫩黄明亮。

图2-35　霍山黄芽干茶

图2-36　霍山黄芽茶汤

2. 黄小茶（芽叶型）

黄小茶的鲜叶采摘标准为一芽一二叶。有湖南的沩山毛尖和北港毛尖；湖北的远安鹿苑茶；浙江的莫干黄芽、平阳黄汤；皖西的黄小茶等。

（1）沩山毛尖　产于湖南宁乡县沩山，是我国古老的传统名茶。外形叶边微卷成条块状，金毫显露，色泽嫩黄油润；内质香气有浓厚的松烟香，汤色杏黄明亮，滋味甜醇爽口，叶底芽叶肥厚，为甘肃、新疆等地顾客所喜爱。形成沩山毛尖黄亮色泽和松烟味品质特征的关键在于杀青后采用了“闷黄”和烘焙时采用了“烟熏”两道工序。沩山毛尖在制茶工艺中，最后采用枫木或香黄藤燃烧熏烟，从而使茶叶具有烟香。对一般的茶来说，凡茶叶具有烟味、焦味和腥气者，便认为此茶质量不好，但对沩山毛尖来说，带有松香烟味，是质量上乘的标志。

（2）北港毛尖　产于湖南省岳阳北港一带山地，是唐代贡茶之一，称“邕（yōng）湖茶”。初制分为杀青、锅揉、闷黄、复揉、烘干5个过程。外形条索紧结重实卷曲，白毫显露，色泽金黄；内质香气清高，汤色杏黄明亮，滋味醇厚，耐冲泡，冲三四次后尚有余味。

（3）远安鹿苑茶　产于湖北远安县鹿苑寺一带。初制分为杀青、炒二青、闷堆和炒干4道工序。“闷堆”工序是形成干茶色泽金黄、汤色杏黄、叶底嫩黄的“三黄”品质特征的关键。其外形条索紧结卷曲呈环状，略带鱼子泡，锋毫显露；内质香高持久，有熟栗子香，汤色黄亮，滋味鲜醇回甘；叶底肥嫩匀齐明亮。

（4）平阳黄汤（图 2-37、图 2-38） 产于浙江泰顺县及苍南县，新中国成立前，泰顺县生产的黄汤，主要由平阳茶商收购经销，因而称平阳黄汤。初制分杀青、揉捻、闷堆、干燥 4 道工序。外形条索紧结匀整，锋毫显露，色泽绿中带黄油润；内质香高持久，汤色浅黄明亮，滋味甘醇；叶底匀整，色黄明亮。

图 2-37 平阳黄汤干茶

图 2-38 平阳黄汤茶汤

（5）温州黄汤 产于浙南平阳、瑞安、泰顺、永嘉等地，历史上以平阳产量最多，故称“平阳黄汤”。温州黄汤依芽叶嫩度分为高级与普通级两种，前者为一芽一二叶，后者为一芽二三叶。高级黄汤茶多以素茶供应上市，普通黄汤茶大多窨制成茉莉花茶，故又称“花黄汤”。成品茶外形条索细嫩，显芽毫，色泽嫩黄有光泽；内质汤色橙黄或金黄，香气清高幽远，滋味醇和鲜爽，叶底芽叶成朵。

（6）建德苞芽 又称严州苞茶，产于浙江建德市梅城附近的山岭中及三都的深山峡谷内。建德苞茶分顶苞和次苞两种。顶苞为一芽一叶，特别幼嫩；次苞嫩叶稍展，为一芽二叶。苞茶采摘时往往将鱼叶和蒂头一起采，加工成的干茶，芽叶色泽黄绿，鱼叶呈金黄色，蒂头顶端呈微红色，苞裹芽间，这是苞茶品质的重要特征。苞茶的传统加工包括杀青、堆闷、初烘、复烘等工序。近年来，产区对苞茶的加工工艺作了一些改进，在杀青后取消堆闷，改为揉捻、理条、初烘、轻炒整形、复烘足干等工序，将原来的黄茶类改为半烘炒的绿茶类。成品茶外形芽叶成朵，茶芽满披茸毫，并带金黄鱼片和红蒂头，色泽黄绿；冲泡杯中，叶柄朝下，芽头朝上，浮沉杯中犹如天女散花；汤色橙黄，香气清幽，滋味鲜醇；叶底嫩匀成朵。

3. 黄大茶（多叶型）

黄大茶的鲜叶采摘标准为一芽三四叶或一芽四五叶。产量较多，主要有安徽霍山黄大茶和广东大叶青。

（1）霍山黄大茶 鲜叶为一芽四五叶。初制为杀青与揉捻、初烘、堆积、烘焙等过程。堆积时间较长（5~7 天），烘焙火功较足；下烘后趁热踩篓包装，是形成霍山黄大茶品质特征的主要原因。外形叶大梗长，梗叶相连，色泽金黄鲜润；内质香气有突出的高爽焦香，似锅巴香，汤色深黄明亮，滋味浓厚，耐冲泡；叶底黄亮。为山东沂蒙山区的顾客所喜爱。

（2）广东大叶青　以大叶种茶树的鲜叶为原料，采摘标准一芽三四叶。初制时经过堆积，形成了黄茶品质特征，产品以侨销为主。外形条索肥壮卷壮，身骨重实，老嫩均匀，显毫，色泽青润带黄，或呈青褐色；内质香气纯正，汤色深黄明亮，滋味浓醇回甘；叶底浅黄色，芽叶完整。

（3）皖西黄大茶　产于安徽西北部大别山区的霍山、金寨、六安、岳西及湖北英山等地。成品茶外形梗壮叶肥，叶片成条，梗叶相连似鱼钩，梗叶金黄显褐，色泽油润；内质汤色深黄显褐，有高爽的焦香，滋味浓厚醇和；叶底黄中显褐。当地茶农俗称黄大茶“古铜包，高火香，叶大能包盐，梗长能撑船”。

2.1.4　白茶基础知识

白茶要求鲜叶“三白”，即嫩芽及两片嫩叶满披白色茸毛。初制过程虽不揉不炒，但由于处在长时间的萎凋和阴干过程，儿茶素总量减少约 3/4。外形毫心肥壮，叶张肥嫩，叶态自然伸展，叶缘垂卷，芽叶连枝，毫心银白，叶色灰绿或铁青色；内质汤色黄亮明净，毫香显，滋味鲜醇；叶底嫩匀。

依据《白茶》（GB/T 22291—2017），根据茶树品种和原料要求的不同，将白茶分为白毫银针（图 2-39、图 2-40）、白牡丹（图 2-41、图 2-42）、贡眉、寿眉 4 种产品。

图 2-39　白毫银针干茶

图 2-40　白毫银针茶汤

图 2-41　政和白牡丹干茶

图 2-42　政和白牡丹茶汤

1. 白毫银针（芽型白茶）

用大白茶的肥大芽头制成，根据《地理标志产品　政和白茶》（GB/T 22109—2008）规定，产品不分等级。芽头满披白毫，色白如银，形状如针，故称白毫银针。白毫银针按产地不同分为北路银针和南路银针两种。北路银针产于福建福鼎，外形优美，芽头肥壮，茸毛厚，富光泽；香气清淡，汤色碧清，浅杏黄色，滋味清鲜。南路银针产于福建政和。外形毫芽肥壮，满披茸毛，银白或灰白；香气清纯，毫香明显，滋味清鲜纯爽毫味显，汤色浅杏黄；叶底全芽、肥嫩、明亮。

2. 白牡丹（芽叶型白茶）

根据《地理标志产品　政和白茶》（GB/T 22109—2008）规定，产品分特级、一级、二级。外形自然舒展，二叶抱心，色泽灰绿，汤色橙黄清澈明亮，叶底芽叶各半。因产地不同，品质特征也有差异。

1）水吉白牡丹：用水仙茶树品种的芽制成。芽瘦长，毫不多，但火候好，香味佳。

2）政和白牡丹：产品分特级、一级、二级。外形叶抱芽（或芽叶连枝），香气清纯，滋味清纯有毫味，汤色杏黄或黄；叶底芽叶连枝成朵，叶脉微红。

3. 贡眉（芽叶型白茶）

产品分特级、一级、二级、三级。用大白茶的嫩叶或菜茶的瘦小芽叶（一芽二三叶）制成。色香味都不及白牡丹。品质特征是外形芽心较小，色泽灰绿稍黄，香气鲜纯，汤色黄亮，滋味清甜，叶底黄绿，叶脉带红。

4. 寿眉（多叶型白茶）

寿眉品质次于贡眉，成茶不带毫芽，色泽灰绿带黄；香气低带青气，滋味清淡，汤色呈杏绿色；叶底黄绿粗杂。

2.1.5 乌龙茶基础知识

乌龙茶（旧称青茶）的品质特征与特殊的茶树品种（如水仙、铁观音、肉桂、黄旦、梅占、乌龙等）及其特殊的采摘标准、初制工艺密切相关。乌龙茶主产于福建、广东和台湾。福建乌龙茶又分闽南、闽北两大产区。

1. 闽南乌龙茶

闽南乌龙茶一般品质特征为外形条索紧结沉重卷曲，呈青蒂绿腹蜻蜓头，色泽油润，稍带砂绿；香气浓郁高长，汤色橙黄清亮，滋味醇厚回甘；叶底柔软红点显。闽南乌龙茶按鲜叶原料的茶树品种分为铁观音、黄金桂、本山、乌龙、色种等。色种不是单一的品种茶生产的，而是由除铁观音和乌龙外的其他品种乌龙茶拼配而成。

（1）安溪铁观音　铁观音既是茶名，又是茶树品种名，因身骨沉重如铁，形美似观音而得名，是闽南乌龙茶的代表，高档铁观音是闽南乌龙茶的极品。品质特征是外形圆结匀净，传统包揉的多呈螺旋形，现代机械包揉的呈颗粒形；身骨重实，色泽砂绿翠润，青腹绿蒂，俗称“香蕉色”；内质香气清高馥郁，具天然的兰花香，汤色清澈金黄，滋味醇厚甜鲜；入口微苦，立即转甘，“音韵”明显，耐冲泡；叶底开展，肥厚软亮，匀整，边缘下垂，青翠红边显。

现在，安溪铁观音受原产地域产品保护，根据国家标准《地理标志产品　安溪铁观音》

（GB/T 19598—2006）规定，安溪铁观音产于福建省安溪县管辖的行政区域内，在安溪县内的自然生态环境条件下，选用铁观音茶树品种进行扦插繁育、栽培和采摘的鲜叶，按照独特的传统加工工艺制作而成，具有铁观音品种特征和品质特点的乌龙茶，其成品茶分为清香型与浓香型。

清香型安溪铁观音（图 2-43、图 2-44）是近年来采用新工艺，即轻摇青、长时间静置，产品色泽翠绿，香气呈清香加花香型，有铁观音品种风格（音韵）；汤色呈蜜绿，滋味清醇甘爽，味中花香明显；叶底红边不明显。产品分特级、一级、二级、三级。

图 2-43　清香型安溪铁观音干茶

图 2-44　清香型安溪铁观音茶汤

浓香型安溪铁观音是采用传统工艺生产的铁观音，与历史上的产品风格接近。产品特征是外形色泽砂绿带褐红点，香气呈馥郁花香，有铁观音品种风格（音韵）；汤色金黄，滋味醇厚滑爽；叶底软亮有红边。产品分特级、1~4 级。

（2）本山闽南　乌龙茶的一种，由本山品种加工而成。本山外形条索壮实沉重，梗鲜亮，较细瘦，如“竹子节”；色泽鲜润呈香蕉皮香，汤色橙黄，叶底黄绿；香类似铁观音而较清淡，味清纯略浓厚；叶张尖薄，长圆形，叶面有隆起，主脉明显。

（3）毛蟹　毛蟹品种特征明显，其叶形圆小，中部宽，叶尖突尖，叶片表面平展、无类似铁观音的凹凸不平现象，叶质较硬；叶色为深绿色，边缘的锯齿非常锐利，呈鹰钩状，叶背有较多的白色茸毛。加工成成品后外形紧结，匀净，色泽乌润；香气较高，汤色黄明，滋味浓醇；叶底软亮匀整。毛蟹原是色种拼配茶之一，现在也有单独销售的，但产量不高。

（4）黄金桂　又名“黄棪”“黄旦”或“黄金贵”。其鲜叶的叶片软薄、梗细小，节间短，含水量低。因此，其初制工艺与铁观音相比，有晒青程度轻、做青历时短、摇青程度偏轻、烘焙温度稍低的特点。其总的品质特征为条索紧细匀整，色泽润亮金黄；内质香气高锐鲜爽，带桂花香型，被誉为“透天香”“千里香”，滋味浓爽，汤色浅金黄明亮；叶底黄嫩明亮，红边显。黄金桂不单独作为商品茶时，是调剂拼配茶香气的好原料。

（5）永春佛手　又名香橼。佛手的叶形与芸香科香橼柑的叶片相似，叶接近圆而叶质薄，因此其加工方法与铁观音稍有区别，其品质特点也不一样。永春佛手条索紧结、肥壮、卷曲呈蚝干状，色泽砂绿乌润；内质香气高锐，具独特的果香，滋味醇厚回甘，汤色橙黄清澈；叶底黄绿软亮。

现在，永春佛手茶受原产地域产品保护，根据国家标准《地理标志产品　永春佛手》（GB/T 21824—2008）规定，永春佛手茶产于福建省泉州市永春县管辖的行政区域内，采用佛手茶树品种进行扦插繁育、栽培和采摘的鲜叶，按照独特的传统加工工艺制作而成，具有佛手茶品质特征。产品分特级、1~4 级。

（6）安溪色种　外形条索壮结匀净，色泽翠绿油润；内质香气清高细锐，汤色金黄，滋味醇厚甘鲜；叶底软亮匀整，红边显。

组成色种的品种除上述的毛蟹、本山外还有以下几个主要优良品种。

1）水仙。条索壮结卷曲，比闽北水仙略小，色油润，间带砂绿；内质香气清高细长，汤色橙黄清澈明亮，滋味浓厚鲜爽，可泡五六次；叶底厚软黄亮，红边显。

2）奇兰。条索比铁观音略粗，色泽和叶底接近铁观音；叶型稍长而薄，香味不及铁观音。

3）梅占。外形壮实、长大、梗肥、节间长，色泽褐绿稍带暗红色，红点明；汤色金黄或橙黄，香高味浓厚。

（7）漳平水仙茶饼　又名“纸包茶”，系乌龙茶紧压茶，产于福建漳平双洋、南洋、新桥等地。水仙茶饼的工艺流程为：晒青、晾青、摇青、炒青、揉捻、模压造型、烘焙，有别于条形乌龙茶的制作。品质特征是外形呈小方块，边长约为 5 厘米×5 厘米，厚约 1 厘米，形似方饼，色乌褐油润，干香纯正；内质香气高爽，具花香且香型优雅，滋味醇正甘爽且味中透香，汤色橙黄，清澈明亮；叶底肥厚黄亮，红边鲜明。

2. 闽北乌龙茶

产地包括福建的崇安（今武夷山市）、建瓯、建阳、水吉等地。

（1）闽北水仙　外形条索紧结沉重，叶端扭曲，色泽油润，间带砂绿蜜黄（鳝皮色）；内质香气浓郁，具有兰花清香，汤色清澈显橙红色，滋味醇厚鲜爽回甘；叶底肥软黄亮，红边鲜艳。闽北水仙因产地不同，分为崇安、建瓯、水吉 3 种，品质也略有差异。

1）崇安水仙是对武夷山的外山茶而言，品质虽不及岩茶，但仍不失为闽北乌龙茶中的佳品。干茶条索粗松，色泽黄绿有光，香气芬芳，茶汤浓厚，滋味醇正鲜爽。

2）建瓯水仙条索虽较粗松，但比崇安水仙好，茶汤金黄色，浓厚鲜艳，滋味醇厚清鲜；叶底粗老皱缩，不很开展，绿叶红镶边较少。

3）水吉水仙条索较紧结，形状不及建瓯水仙整齐，色泽灰黑黄绿；茶汤淡薄清澈，香气较低，滋味清淡醇正；叶底细嫩，黄绿明亮。

（2）闽北乌龙　外形条索紧细重实，叶端扭曲，色泽乌润；内质香气清高细长，汤色清澈呈金黄色，滋味醇厚带鲜爽；叶底柔软，肥厚匀整，绿叶红边。其中建瓯乌龙条索略粗松而微扁，色泽灰黑；香气清高，汤色金黄，滋味入口爽适。

（3）武夷岩茶　历史上的武夷岩茶产于武夷山，武夷山多岩石，茶树生长在岩缝中，故称“武夷岩茶”。现在，根据国家标准《地理标志产品　武夷岩茶》（GB/T 18745—2006）规定，武夷岩茶为产于武夷山市行政区域内，在独特的武夷山自然生态环境条件下，选用适合的茶树品种进行无性繁殖与栽培，并用独特的传统加工工艺制作而成，具有岩韵

（岩骨花香）品质特征的乌龙茶。

武夷岩茶总体品质特征为外形条索肥壮，紧结匀整，带扭曲条形，俗称“蜻蜓头”；叶背起蛙皮状砂粒，俗称“蛤蟆背”；色泽绿润带宝光，俗称“砂绿润”；内质香气馥郁隽永，具有特殊的“岩韵”，俗称“豆浆韵”，滋味醇厚回甘，润滑爽口；汤色橙黄，清澈艳丽；叶底柔软匀亮，边缘朱红或起红点，中央叶肉浅黄绿色，叶脉浅黄色，耐冲泡。

根据国家标准《地理标志产品　武夷岩茶》（GB/T 18745—2006）规定，武夷岩茶有三种分类：一是品种分类，有水仙、肉桂、武夷菜茶、矮脚乌龙等；二是名丛分类，有大红袍、铁罗汉、白鸡冠、水金龟、半天妖、北斗等；三是产品分类，有大红袍、名丛、肉桂、水仙、奇种等。

1）大红袍（图 2-45、图 2-46）分特级、一级和二级，在武夷名丛中享有最高的声誉。它既是茶树名，又是茶叶名。特级品质特征为外形紧结、壮实、稍扭曲，色泽带宝色或油润；香气锐、浓长，滋味醇厚、岩韵明显、回味甘爽；汤色深橙黄；叶底软亮匀齐，红边或带朱砂色。

图 2-45　武夷山大红袍干茶

图 2-46　武夷山大红袍茶汤

2）铁罗汉外形条索紧结，色泽褐润；内质汤色红黄明亮，香气馥郁悠长，岩韵突出，滋味醇厚回甘，耐冲泡。

3）白鸡冠产于慧苑岩火焰峰下的“外鬼洞”内。白鸡冠采成熟老叶，叶长椭圆形，叶缘略内卷，先端渐尖稍钝，锯齿稍密而钝，叶色浓绿有光泽；其嫩叶薄软，色黄有光泽，与浓绿老叶形成鲜明的两层色。白鸡冠鲜叶薄软，易发酵，摇青易产生红边，采制中应严格掌握中开面开采，轻晒青是摇青、多晾青的加工工艺。成品茶品质特征是外形条索紧实，色泽灰褐；内质汤色橙红，香高细长，滋味醇爽；叶底软亮，红边显。

4）水金龟成品茶品质特征：外形紧结，色褐润；内质汤色黄亮，香气悠长，滋味滑爽；叶底厚软红亮。

5）肉桂（图 2-47、图 2-48）由肉桂茶树品种鲜叶加工而成，分特级、一级和二级。外形条索匀整紧结，色泽青褐，油润有光，部分叶背有青蛙皮状小白点。干嗅茶香显，冲泡后，以有淡雅的肉桂香而著称。滋味醇厚回甘，汤色橙黄清澈，叶底匀亮，红边鲜明。

图 2-47　武夷肉桂干茶

图 2-48　武夷肉桂茶汤

6）水仙茶树品种属半乔木型，叶片比普通小叶种大一倍以上，因产地不同，所以即使是同一品种制成的乌龙茶，如武夷水仙、闽北水仙和闽南水仙，品质差异也较大，以武夷水仙品质最佳。目前水仙产品分特级、一级、二级和三级。品质特征是条索肥壮、紧结匀整，叶端褶皱扭曲，如蜻蜓头，色泽青褐鲜润，部分起蛙皮状小白点，油润有光，具“三节色”特征；内质香气浓郁清长，“岩韵”显，汤色金黄，深而鲜艳，滋味浓厚而醇，具有爽口回甘的特征；叶底肥软明净，绿叶红边。

7）奇种分特级、一级、二级和三级。外形条索紧结匀净，叶端褶皱扭曲，色泽乌润砂绿，具“三节色”特征；内质香气清高，“岩韵”显，汤色清澈明亮呈浅橙红色，滋味醇厚，浓而不涩，醇而不淡，回味清甘；叶底软亮匀整。

3. 广东乌龙茶

广东乌龙茶主要分布在潮州市的潮安县、饶平县；揭阳市的普宁、揭西；梅州地区的梅县、大埔县、蕉岭县、丰顺县、兴宁市等，粤北地区的英德市及粤西地区的罗定市和廉江市等地亦有生产。其中潮州潮安县和饶平县是广东乌龙茶的主产区。潮安乌龙茶因主要产区为凤凰乡，生产的产品以水仙品种结合地名而称为“凤凰水仙”。从凤凰水仙的茶树品质植株中选育出来的优异单株繁育加工的产品，有独特的品质风格，称为“凤凰单丛”。

广东乌龙茶的花色品种主要有单丛（岭头单丛和凤凰单丛）、水仙、乌龙（主要有石古坪乌龙茶、大埔西岩乌龙茶）及色种茶（主要有大叶奇兰茶、八仙茶、梅占茶、金萱茶等）。以岭头单丛茶和凤凰单丛茶最为著名。

（1）凤凰单丛（图 2-49、图 2-50）　产于潮州市潮安县的名茶之乡凤凰镇凤凰山区，凤凰单丛是从国家级良种凤凰水仙群体品种中选育出的优异单株，其成品茶品质有花香果味，沁人心脾，具独特的山韵。凤凰单丛茶有几十个品系与类型。据潮州凤凰茶树资源志介绍，凤凰茶具自然花香型的有 79 种，具天然果味香型的有 12 种，具其他清香型的有 16 种。用这些优异单株鲜叶制成的茶，如黄枝香茶、芝兰香茶、桂花香等乌龙茶，既是茶树品种名称，又是成品茶的茶名。

凤凰单丛外形条索肥壮、紧结重实，匀整挺直，色带褐似鳝皮色，油润有光；内质香气清高悠深，具天然的花香，汤色橙黄清澈明亮，沿碗壁呈金黄色彩边，滋味浓爽，润喉回甘；叶底边缘朱红，叶腹黄亮。其以多次品饮茶韵犹存之特色闻名海内外，被视为乌龙茶中珍品。

图 2-49　凤凰单丛干茶

图 2-50　凤凰单丛茶汤

（2）凤凰水仙　原名鸟嘴茶，是以茶叶尾尖似鸟嘴而命名，属半发酵乌龙茶类。该茶因品种和加工精细程度不同，有单丛、浪叶、水仙 3 种级别。按加工季节分为：春茶、夏暑茶、秋茶、雪片（冬）茶。

成品茶品质特征是外形条索美观紧结、粗壮匀整，色泽灰褐或黄褐油润似鳝鱼色，富光泽，具有独特的自然花香，香气浓郁，有兰花桂味之香型；内质汤色黄艳明亮，滋味浓爽，回甘力强而持久，山韵突出；叶底鲜黄亮，叶缘呈朱红色，经久耐泡。

（3）岭头单丛　又称白叶单丛、白叶工夫。该茶树品种原由饶平县坪溪镇岭头村茶农从凤凰水仙群体品种中选育而成。早芽种，叶呈长椭圆形，叶色黄绿，叶质柔软。岭头单丛条索紧结，重实匀净，色泽黄褐光艳；内质香气甘芳四溢，蜜韵深远，汤色蜜黄，清新明亮，滋味浓醇，回甘力强而快，风味独特，饮后有甘美怡神、清心爽口之感。

岭头单丛茶树品种各地引种后，均冠以地方名称，例如凤凰白叶单丛茶、兴宁白叶单丛茶等。因产地生态环境不同，各地采制技术有别，其成茶品质风格各具特色。如潮安县凤凰产区生产的凤凰白叶单丛茶，香气清高幽雅，含自然甜花香，滋味甘醇顺喉，爽口生津；铁埔镇产区研制的铁埔白叶单丛茶，具有清新持久，微带花蜜香，茶味醇厚甘永，舌有余香之特色；兴宁市名茶示范场研制的“三峰”白叶单丛茶，蜜香隽永，滋味浓醇，爽口宜人。

（4）石古坪乌龙茶　产于潮州市潮安县凤凰镇的大质山山腰石古坪畲族村，有 100 多年的种植历史。石古坪乌龙茶既是茶树品种名，也是商品茶名称，小叶石古坪乌龙茶，外形美观细结，匀净，色泽乌绿鲜润；内质香气芬芳馥郁，含自然花香，汤色清而亮丽，味醇厚鲜爽，饮后甘芳长留，山韵明显；叶底匀齐鲜亮。

（5）西岩乌龙茶　创制于 20 世纪 70 年代，产于大埔县西岩山一带。西岩乌龙茶的茶树品种原为小叶种，抗性强，芽叶多紫色，成茶香气高长。西岩乌龙茶外形紧结稍卷曲，色泽乌绿匀润；内质香气馥郁持久，滋味醇厚爽口，回味甘滑，茶汤橙黄明亮；叶底绿腹红镶边，耐冲泡。

（6）广东色种茶　主要有大叶奇兰茶、八仙茶、梅占茶、金萱茶等。

4. 台式（湾）乌龙茶

台式（湾）乌龙茶主要产于我国台湾的台北、桃园、新竹、苗栗、宜兰等地，产品分包种和乌龙。台湾茶园总面积约 24 万亩（160 千米^2），其中南投县是台湾茶叶主产地。

（1）文山包种　又名“清茶”，是台湾乌龙茶中发酵程度最轻的清香型绿色乌龙茶，产于台北县的文山地区和台北市的南港、木栅等地。以新店、坪林、石碇、深坑、汐止、平溪等乡镇所产的最负盛名。外形紧结呈条形状，整齐，墨绿有油光；内质香气清新持久，有自然花香，滋味甘醇滑活，鲜爽回味强，汤色蜜绿至蜜黄色，清澈明亮。

（2）冻顶乌龙茶（图2-51、图2-52） 产于台湾中部邻近溪头风景区，海拔500~800米的南投县、云林县、嘉义县等地。制造冻顶乌龙茶的品种以青心乌龙最优，台茶十二号（金萱）、台茶十三号（翠玉）等品质亦佳。外形条索自然卷曲成半球形，整齐紧结，白毫显露，色泽翠绿鲜艳有光泽；干茶具强烈芳香，冲泡后清香明显，带自然花香或果香，汤色蜜黄至金黄，清澈而鲜亮，滋味醇厚甘润，富活性，回韵强；叶底嫩柔有芽。

图2-51 冻顶乌龙干茶

图2-52 冻顶乌龙茶汤

（3）高山乌龙茶 主要产地在台湾中南部嘉义县、南投县的高山茶区。加工台湾高山乌龙茶的茶树品种以青心乌龙为主，其次为台茶十二号（金萱）及台茶十三号（翠玉）。加工工序与冻顶乌龙茶相似，区别是发酵程度较轻，仅10%~15%。因为高山地区气候较凉，早晚云雾笼罩，平均日照短，以致茶树芽叶中所含的儿茶素类等苦涩成分含量降低，而茶氨酸及可溶氮等对甘味有贡献的成分含量提高，且芽叶柔软，叶肉厚，果胶质含量高。因此，高山乌龙茶具有色泽翠绿鲜活，滋味甘醇滑软、厚重带活性，香气淡雅，水色蜜绿及耐冲泡等特色。

台湾饮茶人士所惯称的高山乌龙茶，是指在海拔1000米以上茶园所产制的乌龙茶。主要产地为台湾中南部嘉义县、南投县内海拔1000~1500米的高山茶区。台湾高山乌龙茶主要的花色有嘉义县的梅山乌龙茶、竹崎高山茶、阿里山珠露茶、阿里山乌龙茶；南投县的杉林溪高山茶、雾社卢山高山茶、玉山乌龙茶；台中县的梨山高山茶、武陵高山茶等。

（4）金萱茶 产地分布于台湾各产茶地区，尤以南投县名间、竹山所产金萱乌龙，以及嘉义县阿里山、梅山所产高山金萱茶最负盛名。金萱茶是以台茶十二号（俗名金萱）品种名称命名的茶。外观紧结重实呈半球形，色泽翠绿，水色金黄亮丽；滋味甘醇，香气浓郁具有独特的奶香。由于品质优异，香味独特，深受欢迎，种植面积在台湾茶园中居于第二位，仅次于青心乌龙。

（5）白毫乌龙（图2-53、图2-54） 又名香槟乌龙、东方美人、椪风乌龙，为台湾乌龙茶中发酵程度最重的一种，主要产于台湾的新竹县北埔、峨眉及苗栗县。白毫乌龙采摘经小绿叶蝉吸食的青心大茶树嫩芽，一芽一叶至二叶。加工工序为日光萎凋、室内静置及搅拌、炒青、覆湿布回润、揉捻、干燥等（发酵程度为50%~60%），使茶叶产生独特的蜂蜜香或熟果香。此茶以芽尖带白毫越多越高级，所以又称为“白毫乌龙”。其外观条索紧结，而以白毫显露，枝叶连理，白、绿、红、黄、褐相间，犹如花朵为特色。汤色呈琥珀色，具熟果香、蜜糖香，滋味圆柔醇和，回甘深远；叶底淡褐有红边，芽叶成朵。

图 2-53　白毫乌龙干茶

图 2-54　白毫乌龙茶汤

2.1.6　黑茶基础知识

黑茶要求原料成熟度相对较高，比大宗红茶、绿茶粗老一些。一般而言，黑毛茶一级的嫩度相当于工夫红茶三级的嫩度。黑茶初制加工中，在杀青、揉捻工序后有一道特殊的“渥堆”工序，茶叶中的黄酮类、多酚类、生物碱类等具有刺激性、收敛性的物质发生了深度的氧化、聚合、水解，造就了黑茶味醇而少爽，味厚而不涩的品质特征。香气一般纯正无粗青，依茶叶品类不同，还具有“陈香”“菌花香”“槟榔香”等特殊香味，汤色橙黄或橙红；叶底相对粗老而柔软。

不同黑茶产区，由于原料基础不同、工艺技术不同，特征性品质风格也有差异。现将各黑茶主产省的黑茶品质特征列举于下。

此外，紧压茶属于再加工茶类，但是因为其原料多为黑茶，为了便于比较，内容放在黑茶部分进行介绍。

1. 湘鄂黑茶

（1）湖南黑茶　有散装茶和紧压茶两大类。

散装黑茶又称篓装黑茶，有天尖、贡尖、生尖 3 种。天尖由一级黑毛茶加工而成，外形较紧实圆直，色泽较黑润；内质香气纯正或带松烟香，汤色橙黄，滋味醇厚；叶底黄褐尚软。贡尖由二级黑毛茶加工而成，品质较次。生尖由三级黑毛茶加工而成，品质较为粗老。

紧压黑茶按形状分为砖形和柱形两类。

1）砖形主要有茯砖茶、黑砖茶、花砖茶。

① 茯砖茶：长方砖形，长 35 厘米×宽 18. 5 厘米×高 4. 5 厘米，重量为 2000 克。砖面平整，厚薄一致，松紧适度，金花普遍茂盛，砖面褐黑色（特制茯砖）或黄褐色（普通茯砖）。砖内无黑霉、白霉、青霉、红霉等杂菌；内质香气纯正或带松烟香，有菌花香，汤色橙黄，滋味醇和或纯和（普通茯砖）；叶底黄褐较匀。

② 黑砖茶：长方砖形，长 35 厘米×宽 18.5 厘米×高 3.3 厘米，重量为 2000 克。砖面平整，模纹图案清晰，棱角分明，厚薄一致，色泽黑褐，无黑霉、白霉、青霉；内质香气纯正或带松烟香，汤色橙黄，滋味醇和；叶底黄褐尚匀。

2）柱形主要有千两茶或百两茶（亦称花卷茶或花捲茶），为圆柱形，高 166.6 厘米，圆周直径为 57 厘米，重量为 31.25 千克。也有饼形的千两茶（图 2-55、图 2-56）外形挺拔匀称，松紧适度，包裹严实棕不外露；内质香气纯正，汤色橙黄或橙红，滋味醇尚厚；叶底黄褐尚软。

图 2-55　千两茶干茶

图 2-56　千两茶茶汤

（2）湖北黑茶　主要是老青茶，又称青砖茶。长方砖形，长 33 厘米×宽 15 厘米×高 4 厘米，重量为 2000 克。外形紧结平正，棱角整齐，砖面光滑，色泽青褐，压印纹理清晰；内质香气纯正，汤色橙红，滋味醇和；叶底暗褐粗老。

2. 四川黑茶

四川黑茶分南路边茶和西路边茶两种。

（1）南路边茶　有康砖和金尖两个花色。

1）康砖：圆角长方体，长 16 厘米×宽 9 厘米×高 6 厘米，重量为 500 克。外形砖面平整紧实，洒面明显，色泽棕褐；内质香气纯正，汤色红褐尚明，滋味尚浓醇；叶底棕褐稍花。

2）金尖（图 2-57、图 2-58）：圆角长方体，长 22 厘米×宽 1.8 厘米×高 1 厘米，重量为 2500 克。外形紧实无脱层，色泽棕褐，无青霉、黄霉；内质香气纯正，汤色黄红，滋味纯和；叶底暗褐粗老。

图 2-57　金尖干茶

图 2-58　金尖茶汤

（2）西路边茶　分茯砖和方包两种。

1）茯砖：砖形完整，松紧适度，黄褐显金花；内质香气纯正，汤色红亮，滋味醇和；叶底棕褐。

2）方包：篾包方正，四角紧实，色泽黄褐；老茶香气纯正，汤色红黄，滋味平和带粗；叶底黄褐多梗。

3. 滇桂黑茶

（1）云南黑茶　主要是普洱茶，成品茶分为散茶与紧压茶两类。普洱散茶分特级、一至十级，共 11 个级别。普洱紧压茶形状多种，有碗臼形的普洱沱茶，心形的紧茶（后改为长方砖形），饼形的七子饼茶及小茶果、小圆饼等。

普洱散茶特征如下：

1）普洱茶特级：外形条索紧细显毫，匀整洁净，色泽褐润；内质香气陈香浓郁，汤色红艳，滋味浓醇；叶底红褐柔软。

2）普洱茶一级：外形条索紧结有毫，匀整洁净，色泽褐润；内质香气陈香显露，汤色红浓，滋味醇厚；叶底红褐较嫩。

普洱紧压茶特征如下：

1）七子饼茶（图 2-59、图 2-60）：圆饼形，周长为 20 厘米，中心厚度为 2.5 厘米，边口厚度为 1 厘米，重量为 357 克。外形为圆形，端正匀称，松紧适度，色泽黑褐油润；内质陈香显露，汤色深红明亮，滋味醇厚滑润；叶底猪肝色，明亮质软。

2）沱茶：碗臼形，边口周长为 8.2 厘米，厚度为 4.2 厘米，重量为 100 克。外形端正匀称显毫，松紧适度，色泽红褐油润；内质香气陈香醇润，汤色深红明亮；叶底猪肝色，明亮质软。

图 2-59　七子饼茶干茶

图 2-60　七子饼茶茶汤

3）普洱砖茶：长方体，长 14 厘米×宽 9 厘米×高 3 厘米，重量为 250 克。外形砖面平整有毫，棱角分明，厚薄一致，松紧适度，色泽暗褐尚润；内质香气陈纯，汤色红浓，滋味醇厚；叶底猪肝色、较亮。

（2）广西黑茶　主要是六堡茶，传统加工成篓装散茶，其品质特征是外形紧结重实、匀齐，黑褐油润；内质香气纯正或带有槟榔香味，汤色红浓，滋味醇厚；叶底红褐柔软。近年亦有各种砖形或圆饼六堡茶问世。六堡茶除内销广东、广西、香港、澳门外，还远销新加坡、马来西亚、日本等地。

2.1.7 再加工茶基础知识

再加工茶类是指以绿茶、红茶、白茶、黄茶、乌龙茶和黑茶的毛茶或精茶为原料进行再加工以后的产品。该类产品的外形或内质与原产品有较大的区别。根据再加工的途径和方法的不同，再加工茶可分为花茶、紧压茶（注：紧压茶原料多为黑茶，为了便于比较，内容放在黑茶部分进行介绍）、袋泡茶、速溶茶、含茶饮料等。

1. 花茶

花茶又称窨制茶，或称香片，主要产区有广西、福建、广东、湖南、四川、云南、重庆等地。用于窨制花茶的茶坯主要是烘青，还有部分为长炒青，少量珠茶、红茶、乌龙茶。用于窨制花茶的鲜花有茉莉花、白兰花、珠兰花、玳玳花、柚子花、桂花、玫瑰花、栀子花、米兰花、树兰花等。花茶总的品质特征是芬芳的花香加上醇厚的茶味。

茉莉花茶是我国花茶中最主要的产品，产于广西、福建、广东、四川、重庆、云南、台湾等地。茉莉花茶的品质特点是香气清高芬芳、浓郁鲜灵，香而不浮，鲜而不浊，滋味醇厚，品啜之后唇齿留香，余味悠长。茉莉花茶因采用的窨制的茶坯原料不一，有茉莉烘青、茉莉炒青、花龙井、花大方、特种茉莉花茶等。

（1）茉莉花茶　根据国家标准《茉莉花茶》（GB/T 22292—2017），茉莉花茶分为烘青茉莉花茶、炒青（含半烘炒）茉莉花茶、碎茶和片茶茉莉花茶。其中烘青茉莉花茶是茉莉花茶的主要产品，分特级、一至五级。高档的烘青茉莉花茶外形条索紧细匀整、平伏，色泽绿带褐油润；内质香气浓郁芬芳、鲜灵持久纯正，滋味醇厚，汤色淡黄、清澈明亮。炒青（含半烘炒）茉莉花茶分特级、一至五级。高档的炒青茉莉花茶外形条索紧结匀整、平伏，色泽绿黄油润；内质香气鲜浓纯，滋味浓醇，汤色黄绿亮。特种茉莉花茶指茉莉花茶中加工特别精细，采用的原料明显高于特级茶坯，经过“五窨一提”至“七窨一提”窨制而成的茉莉花茶。品种有福建的茉莉大白毫、茉莉龙团、牡丹绣球，江苏的茉莉苏萌毫，浙江的茉莉龙珠，湖南茉莉毛尖等。茉莉花茶还有一种拌花的，名为碧潭飘雪（图2-61、图2-62）。

图2-61　碧潭飘雪干茶

图2-62　碧潭飘雪茶汤

1）茉莉银针，外形全芽、肥壮、披毫，匀整，色嫩黄润泽；香气鲜灵、浓郁纯正、鲜爽持久；汤色嫩黄明亮；滋味甘醇爽口；叶底全芽、肥、厚、实，嫩绿明亮。

2）茉莉绣球，外形圆结呈颗粒形、匀整、显毫，色褐黄润泽；香气较浓郁、持久；汤色嫩黄较明亮；滋味较醇爽；叶底芽叶成朵、嫩软，较绿明亮。

3）茉莉虾针，外形似干虾状，肥壮、有毫，匀整，色褐黄润泽；香气浓郁、持久；汤色嫩黄尚明亮；滋味浓醇爽口；叶底全芽、肥、厚、实，嫩绿明亮。

4）茉莉银芽，外形肥壮卷曲、披毫，匀整，色嫩黄润泽；香气鲜灵、浓郁、纯正、鲜爽、持久；汤色嫩黄明亮；滋味甘醇爽口；叶底芽叶肥嫩成朵，嫩绿明亮。

5）茉莉毛尖，外形细紧卷曲、多毫，匀整，色嫩黄润泽；香气鲜灵、浓郁纯正、鲜爽持久；汤色嫩黄明亮；滋味醇厚甘爽；叶底嫩厚成朵，嫩绿明亮。

6）茉莉玉环，外形呈环形，肥壮、披毫，匀整，色嫩黄润泽；香气浓郁、鲜爽、持久，汤色嫩黄明亮；滋味甘醇爽口；叶底全芽，肥、厚、实，嫩绿明亮。

7）茉莉白雪针，外形全芽、肥壮、满披白毫，匀整，色嫩黄润泽；香气浓郁、鲜爽持久；汤色嫩黄明亮；滋味甘和爽口；叶底全芽，肥、厚、实，嫩黄明亮。

（2）白兰花茶　是除茉莉花茶外的又一大宗产品，主产于广州、福州、苏州、金华、成都等地。产品主要是白兰烘青，品质特征为外形条索紧实，色泽黄绿尚润；香气鲜浓持久（要求白兰花香盖过茶香，不能闻出茶香），滋味浓厚尚醇，汤色黄绿明亮；叶底嫩尚匀、黄绿明亮。

（3）珠兰花茶　主产于安徽歙县，其次产于福建漳州、广东广州，浙江、江苏、四川也有少量生产。珠兰花茶香气清纯幽雅，滋味醇爽，回味甘永。根据所采用的原料分为珠兰烘青、珠兰黄山芽、珠兰大方。

1）珠兰烘青，珠兰花茶中的主要产品。品质特征为条索细紧匀整，色泽黄绿油润，花粒黄中透绿；香气清纯隽永；滋味鲜醇回甘，汤色淡黄透明；叶底黄绿细嫩。

2）珠兰黄山芽，条索细紧、锋苗挺秀、白毫显露，色泽深绿油润，花干整枝成串；香气幽雅芳香，滋味鲜嫩、醇厚甘美。

3）珠兰大方，外形扁平匀齐，色绿微黄；香气清雅，滋味纯正，汤色黄亮。

（4）桂花茶　产于广西桂林、湖北咸宁、四川成都、浙江杭州、重庆等地。根据所采用的茶坯不同可分为桂花烘青、桂花乌龙、桂花龙井、桂花红碎茶。桂花茶香气浓郁而高雅、持久。

（5）玫瑰花茶　产于广东、福建、浙江等地，产品有玫瑰红茶和玫瑰绿茶。其成品茶特点为香气浓郁、甜香扑鼻，滋味甘美、口鼻清新。玫瑰红茶外形条索较细紧、有锋苗，可见干玫瑰花瓣；内质汤色红明亮，有较明显的玫瑰花香，也能闻出红茶茶香，两者完美结合，滋味甘醇爽口；叶底嫩尚匀、红明亮。

2. 袋泡茶

袋泡茶源于20世纪初，由过滤材料包装而成。过滤包装材料有特种长纤维纸、特种尼龙。特种长纤维纸可分为热封型和冷封型两种。因为用于袋泡茶的原料不同，袋泡茶可分为绿茶袋泡茶、红茶袋泡茶、乌龙茶袋泡茶、黄茶袋泡茶、白茶袋泡茶、黑茶袋泡茶和花茶袋泡茶。其基本品质为：具有本品种茶叶固有的品质特征，品质正常，无异味、无异臭、无霉变；不得含有非茶类夹杂物；不着色，无任何添加剂；颗粒大小均匀；100 目以下原料不超过 1%。

2.1.8 茶单选茶

1. 茶单的使用

任何一份茶单的编写都不是随心所欲的，事先必须经过筹划和设计，茶单的设计就是经营品种的设计。茶单在不同的经营方式下会呈现不同的形式。如果按经营时间划分，有早茶单、午茶单、下午茶单；按经营功能划分，有外卖式茶店茶单（如凉茶店）、茶餐厅茶单、茶馆茶单等。尽管茶单没有一个固定的模式，但通过对各种类型茶单的分析，发现其还是有一定规律的。

1）茶饮式茶馆主要以茶饮作为主要经营内容，茶食、茶点作为饮茶的辅助，故茶单中茶饮品种的选择比较细致和专业。通常这类菜单以专营茶艺的茶馆居多。另外，目前市面上也流行以茶和文化结合的时尚型茶馆，一般规模不大，格调高雅，富有文化情调和文化特色。其茶单通常比较单一，多提供各种形式的茶饮，有的不提供茶食、茶点。

2）复合式茶馆茶单除了茶饮系列齐全外，外加简餐、茶点、港点、小吃等。这类茶馆应顾客的需求增加餐食品种，一来可以增加本店特色，二来也可以增加一定收入。通常茶单中饮料和茶餐点会呈现一定的比例，这种比例因各店经营内容的差异而不同。

3）茶餐厅通常将茶餐放在重要的位置上，而将茶饮作为辅助项目。茶菜单中的饮料与茶餐点比例控制多在 1∶(5~6)。由于茶餐厅已接近餐饮企业的经营形式，除去品种选择上略有不同外，营业时间基本和餐饮企业一致，茶单的使用与普通餐饮店的菜单已经没有多大差别。比如全国有名的扬州富春茶社，原本是茶饮结合早点的茶店，但现在茶饮的部分被削弱，而餐食的部分加强。尽管如此，人们搭配饮茶吃的点心、小菜及茶食却被保留下来，扬州人将吃早茶称为“早上皮包水”。目前，国内茶餐厅的茶单更类似于快餐店菜单。在茶餐厅经营下午茶来源于西方，故目前的菜单中下午茶餐多以西点、西餐为主。

4）凉茶店多开设在广东、香港和澳门，由于当地的气温较高，饮用一些清热解暑的茶品是非常有益的事。此类茶店的茶单应以中医理论为基础，主要提供滋补凉茶，并在每款凉茶后附上功效。除凉茶外，还会配备一部分茶饮，保证一定量的品种。

2. 茶单的设计

茶单的设计包含了内容设计与外观设计两方面。

（1）内容设计　一定要注意将最有效的信息传递给顾客，使顾客能迅速了解茶馆经营的项目及与这些项目有关的各种信息，比如特色的茶饮、风味的茶点等。顾客来到茶馆，必须通过茶单才能大略知道茶馆的经营内容。为此，设计茶单时要突出以下一些要素。

1）供应品种的名称和价格。名称应真实可信，切不可故弄玄虚，华而不实；价格要经过仔细核算，明码实价，不可随心所欲。当然，为了扩大消费及控制经营成本，大多数茶馆对以“壶”为单位的茶饮配备定额的杯数，比如每壶只配备两个杯子，以控制饮用者的数量，一旦顾客人数较多，就需要多点几壶茶。

2）对茶品的功效做简单的介绍，使顾客选择茶品更有针对性。作为茶馆来讲，这种做法不失为一种好的促销手段。

3）茶单内容的安排要讲究一定的顺序，有时候还要有重点和非重点之分，茶馆的主打品种要使顾客很容易看到。通常茶单的主要内容会分成两大部分，即茶饮部分和茶餐部分。在茶饮方面，大多数茶馆会将红茶、绿茶、乌龙茶作为基本底茶，再搭配各种果汁成为特色茶饮，有的还加入花草茶，以开发特殊的口味，比如玫瑰加乌龙茶；也有将奶茶、花草茶作为基本底茶，加入本土风味药草（如菊花、枸杞子、石莲花等）；也有的什么都不加，只卖地道的中国茗茶。在茶餐方面，一部分茶馆只提供简单的茶食，多数本店不做，从外面购买，品种不会过多；一部分茶馆只提供茶点，进行小规模的生产，对茶餐要求不高，品种也不多；还有的茶馆主要提供茶餐，茶饮只是辅助，这部分茶餐厅接近于餐饮饭店的经营模式，其茶单的品种类似饭店的菜单。

4）了解茶单品种的同时，更应该了解茶单品种安排的规则。一般来说，单页的茶单应以横线对分，茶单的上半部是特色茶品；二折茶单，其右上角是重点；三折茶单，其中间部分是顾客首先注意的地方，接下来是右上角，然后是左上角，再左下角，之后是右下角，最后回到中间；多页的茶单，中间部分是重点，然后是前页与后页。掌握这些原则可以把重点品、推荐款放在合适的位置，使之抓住顾客的眼球。

（2）外观设计　茶单要递给顾客翻看，所以要有适合的比例尺寸。根据美国餐厅协会对顾客的调查显示，茶单最理想的开本尺寸为 23 厘米×30 厘米。而其他规格的还有：小型的 15 厘米×27 厘米或 15. 5 厘米×24 厘米，中型的 16. 5 厘米×28 厘米或 17 厘米×35 厘米，大型的 19 厘米×40 厘米。

在文字的安排上，一般要求字不要太密，茶单的篇幅应保持一定的空白，通常文字占总篇幅的面积不超过 50%。当然，还可以选择插页，插页可以是图片或特别的介绍，一般图片最好是彩色的，用一部分图片取代文字。

茶单纸张的颜色一般要和茶馆的经营模式相协调。比如时尚型茶店的茶单颜色要有活力和跳跃性，传统型的茶店茶单颜色要古朴、稳重；高档茶店的茶单金色、黄色是少不了的颜色。

3. 纸质茶单的制作

（1）茶单的文种、字体和规格　茶单上的茶名一般用中英文对照，以阿拉伯数字排列编号和标明价格。字体要端正好认、大小适中，使顾客很容易看清。茶单的式样和规格大小，应根据茶饮内容、茶馆规模而定。

（2）茶单用纸的选择　一般来说，茶馆使用茶单有“一次性”和“耐用”两种差别很大的方式。“一次性”茶单应当印在比较轻巧、价格低廉的纸上，但并不意味着可以粗制滥造。事实上，轻巧单薄的纸仍然可以印出精美的茶单。当然，耐用的茶单也不一定非得完全印在同一种纸上，不少茶单是由一个厚实耐用的封面加上纸质稍逊的

活面组成的。

（3）插图与色彩　茶单的装帧，特别是插图、色彩等，必须与茶饮内容和茶馆的整体环境相协调。茶馆若以供应宫廷茶为主，茶单则应古色古香，让茶单与茶饮相映成趣。一般茶馆的茶单可用建筑物或当地风景名画作为装饰插图。

4. 电子茶单的制作

有不少茶馆已经开始采用电子茶单和电子点茶系统。它是传统纸质茶单和高科技结合的产物，是新技术发展的必然趋势。顾客下单方便快捷，而且可以随时变化，综合成本远低于传统茶单。

2.1.9　泡茶器具的种类与使用方法

我国茶具种类繁多，质地迥异，形式复杂，花色丰富，从材质上一般分为陶土茶具、瓷器茶具、漆器茶具、玻璃茶具、金属茶具和竹木茶具等。其中最为常用的是陶、瓷、玻璃茶具。从器型上来说，主要有三大类，壶、盖碗和杯。这些器具各有特点，在冲泡茶叶的时候使用方法也不相同。

1. 冲泡器具的种类

（1）陶土茶具　陶土器具是人类文明最早出现的器物，由最初粗糙的土陶逐渐发展为表面施釉的釉陶。早在商周时期，就出现了几何印文硬陶器，到秦汉时，出现了釉陶的烧制工艺。陶土茶具可分为粗陶与细陶、白色或有色、无釉或有釉。具体品种有黑陶、白陶、灰陶、红陶、彩陶等。陶土茶具中最著名的是紫砂茶具（图2-63），从明代开始流行，至今不衰。陶器茶具质地较粗，透气性、吸水性、保温性好，外表美观朴素。

图2-63　紫砂壶

（2）瓷器茶具　瓷器发明于中国，成熟于东汉，发展于唐代，繁荣于宋代。瓷器茶具的品种很多，总体上分为单色釉瓷和彩绘瓷。单色釉瓷分为素瓷［青瓷、白瓷（图2-64）、黑瓷、青白瓷］和色釉瓷（红釉、酱釉、蓝釉、黄釉、绿釉、紫釉）。彩绘瓷包括青花（图2-65）、两彩、三彩、五彩、斗彩、粉彩、古铜彩、金彩等。其中，青花一般为釉下彩，三彩和五彩一般为釉上彩，而斗彩则是釉下青花而釉上五彩。瓷器比陶器的质地细密，内外上釉，不透气，没有吸水性，风格雅致清丽。

图 2-64　白瓷

图 2-65　青花瓷

（3）玻璃茶具（图 2-66）　玻璃茶具是现代茶具的主要代表。古人称玻璃为流璃或琉璃，是一种有色半透明的矿物质。用这种材料制成的茶具，能给人以流光溢彩、光彩照人之感。在现代，玻璃茶具的款式、颜色多种多样，加之价格低廉，购买方便，故而使用极为普遍。在众多的玻璃茶具中，以玻璃茶杯最为常见，用它泡茶，茶汤的色泽、茶叶的颜色，以及茶叶在冲泡过程中的沉浮移动，都尽收眼底，观之赏心悦目，别有风趣。因此，用玻璃杯来冲泡各种细嫩名优茶，最富品赏价值。但玻璃茶杯质脆，易破碎，比陶瓷烫手，是美中不足。

图 2-66　玻璃茶具

（4）金属茶具　金属茶具是指由金、银、铜、铁、锡等金属材料制作而成的器具。古人对金属茶具褒贬不一，把用金银茶具煮出来的水称为“富贵汤”，把用铜、铁茶具煮出来的水称为“缠口汤”。到明朝时，锡茶具与紫砂茶具齐名。金属储茶器的密闭性要比纸、竹、木、瓷、陶储茶器好，具有较好的防潮、避光性能，有利于散茶的保藏。

（5）竹木茶具　隋唐以前的饮茶器具除陶瓷外，民间多以竹木制作。竹茶具大多为用具，如竹筴、竹瓢、茶盒、茶筛等；木茶具多用于盛器，如碗、涤方等。陆羽在《茶经·四之器》中开列的 28 种茶具，多数是此类。宋代沿袭，并开发用木盒储存茶。竹木茶具制作方便，资源丰富，对茶无污染，对人体又无害，自古至今，一直受到欢迎。但其缺点是不能长时间使用，无法长久保存。

（6）漆器茶具　漆器茶具较少，唐宋有部分茶盏托是漆器所制，在一些古画中也有作茶碗用的漆耳杯。现代漆器茶具较有名的有北京雕漆茶具、福州脱胎茶具、江西鄱阳等地生产的脱胎漆器等，均具有独特的艺术魅力。漆器茶具轻巧美观，色泽光亮，能耐温、耐酸，主要用作存茶盒、茶碗等。

2. 冲泡器具的使用方法

（1）茶壶　按功能分为煮水壶与泡茶壶两大类。结构有提梁壶（图 2-67）、执壶（图 2-68）和横把壶（图 2-69）。

图 2-67　提梁壶

图 2-68　影青瓜棱执壶

图 2-69　粗陶横把壶

煮水壶古代称汤瓶、注子，现在多称水壶，主要用来烧开水。明清时期有用铜壶、锡壶烧水的。现代也有用铜壶烧水的，但大多数都是不锈钢壶。金属水壶坚固耐用，传热快，使用方便，但煮水时所产生的金属离子会影响茶香、茶味。因此，以前的人们多用古朴厚重的陶质水壶烧水。后来流行一种像玻璃一样透明的石英壶，式样新颖，具有时代感，且可观察壶中水沸的情形，让人想起“蟹眼”“鱼眼”之类的形容词，很适合在茶馆中使用。

大部分泡茶壶比较小，提梁壶在设计时出于美观、比例的考虑，常把提梁设计得比较小，在使用时开盖不方便。这使得茶艺师在泡茶时必须很专心才能避免将水淋到壶外，增加了茶艺安静专注的氛围。执壶在斟水时用拇指与中指捏住壶把，用食指压住壶盖，这种姿势对于茶艺师的手指力量有一定的要求，所以在泡茶时，壶体不宜太大。横把壶在日本和韩国较为多见，使用时延长了手臂，斟水也比较容易，在招待多人饮茶时较为方便。

（2）盖碗　盖碗由杯盖、杯身、杯托组成，亦称“三才杯”。“三才”者，天、地、人，杯盖为天，杯托为地，中间的杯子是人，这种说法与茶的生长消费情况很接近。在北方，盖碗可以泡茶给顾客直接饮用，北方的盖碗茶、八宝茶都是如此；在南方，盖碗常用作泡茶的工具，代替茶壶。相比壶来说，盖碗泡茶出汤较快，熟练的茶艺师用它更容易控制泡茶的时间。

用盖碗泡茶时，抓碗的姿势很重要。要用手从上至下罩在碗上，拇指、中指、无名指的指肚抓住碗边，食指扣压碗盖。这种姿势可以最大限度减少手指与碗的接触面积，以免太烫抓不住碗。近些年来，也有很多人用拇指按住碗盖，食指、中指与无名指按住碗底的方法来抓碗，这种姿势可以增加泡茶时的恭敬感，但对于圈足较低的碗不合适，因为圈足低，泡茶时会很烫。用盖碗泡茶出汤时，碗盖不能盖严，要前低后高留一缝隙，缝隙的大小决定了出汤速度。

喝盖碗茶与八宝茶时，要注意身体保持正直，一手托起杯托，另一手扶住杯盖，将碗沿送至唇边，动作姿势要端庄大方。

（3）玻璃杯　冲泡不同茶叶所选用的玻璃杯也不一样。冲泡太平猴魁时应选择瘦长的直身玻璃杯，因为其干茶长度为 5～10 厘米，多在 7 厘米左右，冲泡后立于杯中似水草飘摇，比较美观。如果用矮胖的玻璃杯，长条的茶叶全部倒覆在杯中，影响观感。冲泡芽叶较幼嫩的，则应选用大口的玻璃杯，如西湖龙井、黄山毛峰、金坛雀舌等。大口的玻璃杯易于散热，可以免使幼嫩茶芽被烫伤。

无论哪种形状的玻璃杯，在泡茶时杯身都会比较烫，所以在冲泡时不要将水斟得太满。水太满，不方便端起来喝，因此有茶满欺客的说法。

2.1.10　安全用电与烧水器具的使用

1. 安全用电常识

电气设备已经成为茶馆的主要配置，除空调、音响、清洁等设施外，电加热设备的应用也非常广泛，所以安全用电显得尤为重要。

1）不用手或导电物（如铁丝、钉子、别针等金属制品）去接触、试探电源插座内部，不接触没有绝缘的线头，不用湿手触摸电器，不用湿布擦拭电器。

2）电器和电线、插座等，在使用时要远离易燃物；电源不可超负荷使用，严禁在潮湿环境下使用。

3）要使用符合国家安全标准的合格产品，及时淘汰老化的电器，用完要及时关闭电源。

2. 烧水器具的使用规程

室内烧水器具，常见的有电热水壶、电陶炉、电磁炉、炭炉等。室外烧水器具，常见的有便携式煤气炉、炭炉、酒精炉等。购买此类产品时，要选择有质量认定的合格产品。烧水器具安全使用注意事项如下：

1）必须在平稳且干燥的地方，按照使用标准规定的方法正确使用，远离热源、易燃物，避免让儿童接触到。

2）使用前一定要阅读使用说明书，绝对不可以拆改，如果出现故障或损坏，不要自行维修，应立即停止使用并拔掉电源插头，请专业人士检修。

3）水量要符合规定，绝对不可以过满或干烧。

4）确认烧水壶与底座是否匹配，如果出现错误搭配，可能导致烧水壶损坏或电器功率过载而发生危险。

5）加热烧水期间务必有人守护，不可人出门了还在加热水壶。

技能训练1　区分各种茶叶

1. 材料和器具准备

1）材料：六大茶类各准备2个典型品种。

2）器具：白色瓷盘3个，盖碗6个，玻璃公道杯6个，品茗杯根据学员人数准备，其余茶具视需要而定。

2. 训练步骤

由指导老师将练习用茶样提前编号，按照课堂具体情况将茶样分组，然后指导学员进行如下练习。

1）观察干茶的外形、颜色、香气。

2）用盖碗冲泡茶样，将茶汤倒入玻璃公道杯。

3）观察公道杯中茶汤的汤色，闻盖碗中叶底的香气，品茶汤滋味，初步分辨每个茶样的类别。

4）将叶底倒入白色瓷盘，观察外形、颜色，进一步分辨每个茶样的类别。

5）将辨认结果填入表2-1，由指导老师评定、总结和分析。

表 2-1　茶叶区分表

学员姓名：

练习日期：

序号	干茶特征	茶汤颜色	叶底香气	茶汤滋味	叶底特征	判断茶类	正误
1							
2							
3							
4							
5							
6							
7							
8							
9							
10							
11							
12							
指导老师点评							
分数							

注：本表格在使用中可以按照实际需要加大间距或尺寸，以方便学员填写文字。

（培训机构：　　　　　　　　　　　　　　指导老师：　　　　　　）

2.2 冲泡演示

2.2.1　投茶量

投茶量也称为茶水比。茶叶内含多种可溶性成分，其溶出量及各种成分的溶出比例，是造成茶汤色、香、味差异的原因，投茶量直接关系到茶汤的色香味。冲泡时的投茶量与茶叶的种类有关，也与茶具的形状、茶具的尺寸、泡茶的水温有关。

1. 绿茶的投茶量

冲泡绿茶时，我们惯用的茶水比为1∶50，即1克绿茶，冲入开水50毫升。一些特别的茶叶投茶量会大一些。例如，用瘦长的直身玻璃杯冲泡太平猴魁时，茶叶的用量就要大一些，因为它的滋味比江浙绿茶要清淡一些，而且从冲泡效果来说，茶叶少了在杯中立不住，影响观赏度。早春的茶味淡，投茶量也要比普通的春茶多一些，否则滋味不饱满。当水温较低时，投茶量也需要大一些，否则茶味太淡薄。

2. 黄茶的投茶量

冲泡黄茶时，茶叶用量与绿茶相仿，一般按照 1∶(30~40）的比例进行冲泡。需要注意的是，在冲泡针状黄茶时，如君山银针，每杯茶的投放量应恰到好处，太多太少都不利于欣赏茶叶在水中翩跹起舞的姿态。

3. 白茶的投茶量

白茶适宜的茶水比一般为 1∶(20~30)，因为白茶不揉也不炒，茶叶表面破损少，内含物质浸出较慢，所以投茶量大一些滋味才会饱满。

白茶中的白毫银针叶型最为完整，而各种压饼的老白茶破损断碎较多，所以老白茶的投茶量相对可以少一些。

用紫砂壶或盖碗冲泡白茶时，因为要用茶水分离的方法，投茶量可以大一些。用普通的玻璃杯冲泡白茶时，或者顾客自己冲泡时，茶叶可能会在杯中泡很长时间，投茶量就要小一些。

4. 红茶的投茶量

红茶品饮，主要有清饮和调饮两种。清饮泡法，茶水比以 1∶30 为宜，如选用红碎茶，茶水比一般为 1∶(60~70)。中国的红茶有小种红茶、工夫红茶、红碎茶 3 大类。茶形完整的小种红茶与工夫红茶投茶量要大一些，在茶形完整的红茶里，质嫩的红茶投茶量要稍大一些。调饮茶因为要添加牛奶、糖、柠檬、咖啡、蜂蜜等配料，投茶量必须要比清饮的大一些。

各个地区所产红茶的品质不同，江浙地区红茶滋味较清淡，冲泡时投茶量要大一些；滇红、小种红茶的滋味较厚，冲泡时投茶量要稍小一些。

5. 乌龙茶的投茶量

乌龙茶适宜的茶水比为 1∶20。乌龙茶用茶量在六大茶类中是最大的。我国乌龙茶品种丰富，茶叶外形差异较大，如凤凰水仙系的乌龙茶、武夷岩茶、台湾文山包种茶的茶叶呈粗壮的条索形；铁观音呈螺钉状；而台湾冻顶乌龙等外形呈紧结的半球状，因此投茶量也有所不同。一般冲泡乌龙茶，适合使用江苏宜兴出产的紫砂壶，根据品茶人数选用大小适宜的壶。日常泡茶时，以乌龙茶外形的紧结程度来判定投茶量，如果是比较紧结的球形乌龙茶，投茶量是容器容量的 1/4；半球形的乌龙茶，投茶量大致是容器容量的 1/3；松散的条状乌龙茶，投茶量是容器容量的 1/2。

6. 黑茶的投茶量

黑茶以普洱茶散茶为例，冲泡普洱茶适宜的茶水比为 1∶(20~30)。普洱茶的用茶量仅次于乌龙茶。一般说来，品普洱茶侧重于尝味，其次是闻香，一般是每克茶冲 20~30 毫升水。如煮饮黑砖茶，茶水比为 1∶(30~40)，通常用较大的茶壶或锅，一般每 50 克黑茶加水 1.5~2 升，煨在火上煎煮。这样，随时可以根据需要调制成酥油茶、奶茶等各种调饮茶。

7. 再加工茶的投茶量

花茶多用盖碗冲泡，每克茶用水量为 50~60 毫升。紧压花茶选用紫砂壶冲泡，为了便于清洁，也可以用盖碗冲泡，每克茶叶用水量为 30~40 毫升。

2.2.2 冲泡水温与浸泡时间

不同的水温对茶叶水浸出物有极大影响。如果水温过低，首先茶叶的渗透性低，茶片浮在汤面，给饮茶带来不便；其次，茶的有效成分一时难以浸出，茶味淡薄；再次，茶的香气成分不易挥发，降低茶的香气。但是泡茶效果也并非温度越高越好，一旦泡茶水温过高，细嫩芽叶会被“泡熟”而无法直立，不能展现茶姿之美，失去观赏性；茶多酚短时间内大量浸出，茶汤会比较苦涩；绿茶的茶汤会泛黄，叶底变暗，名优茶的品质特性无法展示。

1. 冲泡水温

（1）水温与物质浸出量的关系　在茶水比例与冲泡时间相同的情况下，茶叶中各种内含物在茶汤中的溶解度，受水温的影响很大。取 3 个审评茶碗，用 3 克红茶、150 毫升水为试验材料，水温分别为沸水、80℃、60℃，分别冲入 3 个审评茶碗，经 4 分钟冲泡后，将茶汤沥出，3 种茶汤中的水浸出物含量（以沸水泡茶所得相对浸出量为 100%计）百分比见表 2-2，可见水温越高，浸出物比例越大。

表 2-2　冲泡水温与茶叶浸出物比例

水温	沸水	80℃	60℃
浸出物比例	100%	70%~80%	45%~65%

（2）茶叶嫩度、外形与水温的关系　细嫩、松散、切碎的茶要比粗老、紧实、整叶的茶浸出速度要快，反之则慢；粗老、紧实、整叶的茶要比细嫩、松散、切碎的茶需要的水温要高，反之则低。总之，要具体问题具体分析。如采用粗老原料制作的茶叶或陈年老茶，茶叶的水浸出物比细嫩茶叶少，为防止茶味淡薄，宜选用 100℃的沸水进行冲泡。而细嫩的名优绿茶或黄茶，从欣赏茶叶汤色和姿态的角度，宜选用 80~90℃的热水进行冲泡，防止过热的沸水将茶叶烫至变色。

（3）冲泡方法与泡茶水温的关系　泡茶的水温度高，茶叶内含物质就容易浸出；相反，泡茶的水温度低，茶叶内含物质浸出速度慢。实验表明，水温与茶叶内含物质在茶汤中的浸出速度呈正相关。传统的杯泡法，茶水不分离，尤其是用高杯泡细嫩绿茶时，水温不宜过高，以免烫熟烫黄茶叶，通常水温掌握在 85℃左右。其他红茶、乌龙茶、普洱茶等均可用沸水冲泡。也可采用现代冲泡法，无论盖碗泡、壶泡，均采用茶水分离的冲泡法，包括绿茶都可采用沸水短时冲泡、快速出茶汤的方法。

（4）根据茶叶类别调整水温

1）高级细嫩的中小叶种茶树鲜叶制成的绿茶、红茶、花茶，泡茶水温要比大叶种茶树鲜叶制成的茶低，一般用 80~85℃的水冲泡。

2）大宗红茶、绿茶、花茶，由于茶叶加工原料老嫩适中，用 90～95℃的水冲泡较为适宜。

3）乌龙茶（除白毫乌龙茶外）、普洱茶，由于这些茶要待新梢即将成熟时才采制，原料并不细嫩，加之用茶量较大，需用刚沸腾的开水冲泡，特别是第一次冲泡更是如此。白毫乌龙茶原料相对嫩度好，一般用 80～85℃的开水冲泡。

4）白茶，一般来说，新白茶适宜用 90～95℃的水冲泡，老白茶则用沸水直接冲泡。

5）黄茶，原料细嫩的黄茶要求水温低，一般黄茶类、黄小茶用 80～85℃的水冲泡，原料粗老的黄茶要求水温更高些，黄大茶要用刚烧沸的开水冲泡或煮饮。

6）砖茶，制茶原料比较粗老，并在重压后形成砖状。这种茶即使用刚沸腾的开水冲泡，短时间内也难将茶的内含物质浸泡出来。所以，需先将砖茶分解成小块，再放入壶或锅内，用水煎煮后饮用。

值得注意的是，冲泡不同品种名优绿茶时，水温需要有所变化。对于芽叶肥壮、多毫茶叶，如松阳银猴等，因茶叶表面多茸毛多蜡质，造成开水不易渗入芽条中，就需用刚煮沸的水冲泡，否则茶叶久久不下沉，茶汤淡而无味。对氨基酸含量特别高的茶如安吉白茶，或者是甜味特别好的茶如太平猴魁，为发挥茶性，第一泡宜用 60～65℃的水冲泡，改用增加投茶量 50%来改善茶汤浓度。中国绿茶名品很多，有些揉捻充分、芽叶细嫩、条索不是非常紧结的茶，用冷矿泉水或冷开水浸泡，则可享受到特别鲜醇爽口之味，还可保存茶中的茶多糖，比较适合糖尿病人饮用。若用条索较紧的茶，则可将茶捣碎，以加快内含物的溶出。

（5）根据环境温度、冲泡器具质地和冲泡程序繁简调控水温　环境温度较高时，水温度可低一些，反之亦然。未经预热的泡茶器具及容易散热的容器，水温度宜高些，反之则低一些。冲泡之前程序较烦琐，所备之水将会久置，故初备水时温度宜高一些，必要时附加煮水炉以保持水温。

（6）根据茶汤滋味调控水温　从形成茶汤滋味的主要成分氨基酸（鲜甜味）及茶多酚（苦涩味）等成分来看，对水温的控制要求又不同。以名优绿茶为例，因其在制作过程中，茶多酚的保存量较高，同时又希望尽可能保持茶汤和叶底的绿色，故常用 80～85℃的开水冲泡。研究表明，取特级龙井茶 3 份，每份 3 克，分别冲入 150 毫升 100℃、80℃、60℃的水，冲泡 5 分钟，测得氨基酸含量分别为 100%、约 90%、约 70%；茶多酚含量依次为 100%、约 70%、约 50%。茶汤中氨基酸与茶多酚的比值分别为 0. 19、0. 23、0. 28。以口感来说，冲泡水温低则氨酚比高，茶汤滋味鲜醇；水温高，氨酚比低，则滋味浓爽，但不习惯喝茶的人有时会嫌“茶苦”。

2. 冲泡时间

茶汤色泽的深浅和滋味的浓淡，与茶叶水浸出物的浸出量有密切关系。以绿茶为例，冲泡 3 次，每次冲泡时间 2 分钟，研究显示主要呈味成分各次冲泡后的浸出量为第一次冲泡浸出量最多，而后直线下降。绿茶中各个成分的浸出速度有快有慢。如呈鲜甜味的氨基酸和呈苦味的咖啡因最易浸出，第一次冲泡 2 分钟的浸出量几乎占总浸出量的 2/3，第一次加第二次冲泡共 4 分钟可浸出量达 90%以上；而呈涩味的儿茶素浸出较慢，第一次浸出量为 52%，第二次冲泡浸出量约30%，前两次合计浸出约80%。其中滋味醇和的游离型儿茶素与收敛性较强的酯型儿茶素两者浸出速度亦有差别，游离型儿茶素的浸出速度较快，第一次加第二次冲泡4分钟可浸出87%，而酯型儿茶素浸出量为76%。

泡茶若想得到良好的滋味，各种成分的浸出量要有适当的浓度，涩味的儿茶素、鲜味的氨基酸、苦味的咖啡因、甜味的糖类等呈味成分之间的调和最为重要。因此，只有深刻掌握影响茶叶品质的因素，再结合茶叶本身的特点及现场品饮茶叶的要求，灵活掌握茶叶的冲泡时间和水温、茶水比例，才能让茶叶发挥最佳滋味。以下是一些具体泡茶情境的调节方法。

（1）不同茶类泡茶时间

1）红茶、绿茶，以玻璃杯泡为例，第一泡茶以冲泡3分钟左右饮用为好。若想再饮，则杯中剩1/3茶汤时续开水。以此类推，可使茶汤浓度前后相对一致。

2）乌龙茶，用茶量较大，加上泡茶的水温高，因此第一泡15~45秒（视茶而定）就可出汤。第二泡，因为茶叶已经舒展，冲泡时间比第一泡要缩短，第三泡开始视茶的情况适当延长5秒、10秒不等。一般紧结的茶叶，延长的时间多些，松散的茶叶，延长的时间少些，目的是使每一泡茶汤浓度均匀一致。

3）黑茶，以普洱茶（紧压茶）为例，如掰开匀整的5克茶，用100毫升水冲泡，水与茶相遇的水温为90℃。第一泡冲泡的时间为20秒，第二泡缩短到10秒，第三泡延长至15秒，之后每泡延长5秒。

4）白茶，以白牡丹为例，芽叶完整的5克茶，用100毫升水冲泡，水与茶相遇的水温为90℃。第一泡冲泡的时间为1分钟，第二泡缩短到30秒，第三泡为40秒，第四泡为1分钟，第5泡为1分20秒。

5）黄茶，以莫干黄芽茶为例，3克茶用100毫升水冲泡，80℃水温。第一泡冲泡时间为1分20秒，第二泡为50秒，第三泡为1分钟，第四泡为1分50秒，第五泡为2分10秒。

6）花茶，3克花茶，冲150毫升水，能取得较好的冲泡效果，即茶水比1∶50。为了保香，不使香气散失，泡茶时间不宜过长，一般2分钟左右便可饮用。

（2）不同外形、加工、品种茶的泡茶时间　见表2-3。

表2-3　不同外形、加工、品种茶的泡茶时间

外形	较粗老	细嫩
	紧实	松散
	芽叶完整	芽叶散碎
	紧压茶整块	紧压茶掰松
加工	杀青老	杀青嫩
	揉捻轻	揉捻重
	不揉捻	揉捻
	焙火轻	焙火重
品种	中小叶种	大叶种
泡茶时间	长	短

一般来说，紧实、紧结的茶，第一次泡开后，在之后的一定时间范围内，冲泡时间与茶汤浓度呈正相关。冲泡时间的长短由茶类、投茶量、茶叶外形、工艺、品种等因素综合考量。控制浸泡时间，目的是使茶汤浓度适宜和温度适饮。

（3）不同饮茶人的泡茶时间　茶馆所用茶品通常为高档或中高档以上的茶，用杯泡或盖碗泡时，冲泡时间可由顾客根据口味的浓淡喜好，选择不同的冲泡时间。一般建议第一道茶宜在冲泡 2~3 分钟内品饮，且每次留下杯中的 1/3 茶汤，以避免下一道茶汤淡而无味；续水再品时对冲泡时间并无精确规定。此外，茶艺师在实际冲泡过程中，可根据茶叶老嫩（名优茶、大宗茶）、饮茶对象（青年、老人等）、个人口味（喜浓、喜淡）对投茶量作适当增减。举例来说，茶叶细嫩、内含物质丰富的名优茶，冲泡时间可相应缩短，反之亦然；若是老人，一般口味较重，在冲泡时可以相应增加冲泡的时间。

2.2.3　不同茶具冲泡演示

选用无色透明玻璃杯泡茶，能够充分欣赏茶汤汤色和茶芽浮沉、舒展、舞动的情景，这一冲泡方法适用于各种细嫩名优绿茶、黄茶、白茶等的冲泡。古人以季节来分上、中、下投泡法，现在则主要以茶的外形特征来甄选上、中、下投泡法。绿茶是我国生产量和消费量最大的茶类，4 大茶区都有生产，外形最丰富，品质有一定差异。为充分展现不同茶的特性，分别采用上投、中投、下投法冲泡，配合水温、茶量、冲泡时间等综合调控，以泡好每一杯茶汤。

（1）适合上投泡法的绿茶　其特征为外形细紧、卷曲、重实、显毫，如碧螺春、都匀毛尖、信阳毛尖等，这些绿茶毫多、细嫩，用上投置茶，茶叶以自身的重量慢慢沉入杯底，大部分茶毫依附着茶叶下沉，极少漂在汤里，所以茶汤仍清澈、明亮。若用下投置茶，水的冲力使茶毫脱落，茶汤就会混浊，视觉效果不佳。

（2）适合中投泡法的绿茶　适合较细嫩、少茶毫的绿茶，如嫩度较高的金坛雀舌、金山翠芽、雨花茶等。这种方法既可以用热水激发出茶香，又不至于烫伤茶芽。

（3）适合下投泡法的绿茶　适合下投泡法的绿茶，其特征为外形体积较大，芽叶肥壮，如扁形、兰花形、颗粒形等大部分绿茶，名优绿茶中的西湖龙井、黄山毛峰、扬州绿杨春等都可采用这种方法冲泡，冲泡时所需水温较高。

以下列举部分茶的冲泡方法。

1. 玻璃杯下投法冲泡龙井绿茶㊀

茶具配置见表 2-4。

表 2-4　玻璃杯冲泡龙井绿茶茶具配置

名　称	材料质地	规　格
茶盘	竹木制品	约 35 厘米×45 厘米
玻璃杯	玻璃制品	3 只，容量为 100~150 毫升

㊀ 扫封底二维码看视频。注：视频中的龙井特别细嫩，因此采用上投法冲泡。

（续）

名　　称	材 料 质 地	规　　格
杯托	玻璃制品或竹木制品	3 只，直径为 10~12 厘米
茶匙筒	竹木制品	内放茶匙及茶夹
茶荷	竹木制品	6. 5~12 厘米
开水壶	玻璃制品	容量为 800 毫升左右
水盂	玻璃制品	容量在 200 毫升以上
茶巾	棉、麻织品	约 30 厘米×30 厘米

冲泡程式如下：

（1）备具　将 3 只玻璃杯杯口向下置杯托内，3 只杯及托呈倒三角形摆在茶盘横中心线前部位置；茶盘前方摆放已经置样的茶荷及茶匙筒；左下角置水盂，中下方置茶巾，右下角放茶壶。

（2）备水　煮水至沸腾，冲入开水壶（以下简称水壶）备用。泡茶前先用少许开水温壶，再倒入煮开的水备用。这一点在气温较低时十分重要，温热后的水壶注水可避免水温下降过快。

（3）行礼　行鞠躬礼，采用站式鞠躬（或坐式鞠躬）行礼。

（4）布具　双手（在泡茶过程中特别是女性强调用双手做动作，一则显得稳重，二则表示敬意；但男士泡茶为显大方，可用单手）将水壶、水盂一一提、端到茶盘右侧桌面；将茶巾端放到玻璃杯中后方；将盘左上角的杯及托端至盘左下角，使 3 只杯呈右前左后的斜线状排列；将茶匙筒放到茶盘左侧上方桌面上，再将茶荷端放在茶匙筒后方，双手按从右到左的顺序将茶杯翻正。

（5）赏茶　将茶荷奉给来宾，请他们欣赏茶的外形、色泽及嗅闻干茶香。

（6）润杯　经消毒柜消毒后的茶具常带有一些消毒的异味，故用开水润杯，以消除异味；另一方面，干燥的玻璃杯经湿润后，冲泡后可防止水汽在杯壁凝雾，以保持杯的晶莹剔透，以便观赏。双手取茶巾，斜放在左手手指部位；右手提水壶倒水，令水流沿茶杯内壁冲入，约占容量的 1/3，右手转腕断水；逐个注水完毕后水壶与茶巾复位。如不用茶巾，左手半握拳搭桌沿，右手提壶冲水即可。右手握茶杯基部，左手托杯底，双手手腕作逆时针转动，杯沿依向后、向右、向前、向左、向后、扶正的顺序回旋，令茶杯各部分与开水接触，然后双手滚动茶杯，将开水倒入水盂，杯入茶托。

（7）置茶　将茶荷中的干茶分别投入 3 个茶杯中。一般茶与水之比为 1∶50，每杯用茶叶 2~3 克，冲水为 100~150 毫升。

（8）浸润泡　以回旋手法向玻璃杯内注少量温度降至 80~85℃的水（水量以浸没茶样为度），目的是使茶叶充分浸润，促使可溶物质析出。浸润泡时间为 20~60 秒，可视茶叶的紧结程度而定。

（9）试香　左手托住茶杯杯底，右手轻握杯身基部，运用右手手腕逆时针旋转茶杯，左手轻搭杯底作相应运动，称作摇香。此时杯中茶叶吸水，开始散发出香气。摇毕可依次将茶杯奉给来宾，敬请品评茶之初香。随后依次收回茶杯。

（10）冲泡　双手取茶巾，斜放在左手手指部位；右手执水壶，左手以茶巾部位托在壶底，双手用“凤凰三点头”手法，高冲低斟将开水冲入茶杯，应使茶叶上下翻动。不用茶巾时，左手半握拳搭在桌沿，右手执水壶单手用“凤凰三点头”手法冲泡。这一手法除具有礼仪涵养外，还有利用水的冲力来均匀茶汤浓度的功效。冲泡水量控制在杯容量的七成即可。一则避免奉茶时烫手及茶汤洒出；二则向来有“浅茶满酒”之说，七分茶三分情之意。

（11）奉茶　双手将泡好的茶依次敬给来宾。这是一个宾主融洽交流的过程。奉茶者行伸掌礼请用茶，接茶者宜点头微笑表示谢意，或答以伸掌礼。

（12）品饮　接过一杯春茗，观其汤色碧绿清亮；闻其香气清如幽兰；浅啜一口，茶香弥漫，茶汤由舌尖漫至舌根，轻轻的苦味，微微的涩味，然而细品却似甘露。

（13）续水　奉茶者应该留意，当品饮者茶杯中只余1/3左右茶汤时，就该续水了。续水前应将水壶中未用尽的温水倒掉，重新注入开水。温度高一些的水能使续水后茶汤的温度仍保持在80℃左右，同时保持第二泡的浓度。一般每杯茶可续水2次（或因来宾的要求而定），续水仍用“凤凰三点头”手法。

（14）复品　名优绿茶的第二泡、第三泡，如果冲泡者能将茶汤浓度与第一泡保持相近，则品饮者可进一步体会甘甜回味，当然鲜味与香味略逊一筹。第三道茶淡若清风，静心体会，这个淡绝非寡淡，而是淡泊的淡。

（15）收具　每次冲泡完毕，应将茶器具收放原位，顺序为先布的具后收回。放置原则先左后右，前低后高。

（16）行礼　行鞠躬礼退场。

（17）净具　对茶壶、茶杯等使用过的器具一一清洗。提倡使用消毒柜进行消毒，这一点对于营业性茶馆尤为重要。

2. 盖碗冲泡茉莉花茶㊀

茶具配置见表2-5。

表2-5　盖碗冲泡花茶茶具配置

名　称	材料质地	规　格
茶盘	竹或木制品	约35厘米×45厘米
盖碗	瓷制品	3套
茶匙筒	竹木制品	内放茶匙及茶夹
茶荷	瓷或竹木制品	与盖碗协调相配
水盂	瓷制品	容量在200毫升以上
开水壶	玻璃制品	容量500毫升左右
茶巾	棉、麻织品	约30厘米×30厘米

冲泡程式如下：

㊀ 扫封底二维码看视频。

（1）备具　将3套盖碗连托呈三角状摆在茶盘中心位置，其盖反面朝上，近泡茶者处略低，盖与碗内壁留出一小隙；茶盘内左上方至下方依次摆放已置茶的茶荷及茶匙筒；盖碗中下方放茶巾；水盂放在茶盘内右上方；水壶放在茶盘内右下方。

（2）备水　将水壶中温壶的水倒入水盂，冲入刚煮沸的开水。

（3）行礼　同绿茶。

（4）布具　依次将水壶放在茶盘右侧前方桌面，水盂放在水壶后面，将茶巾移至水盂后方右侧桌面；将茶匙筒、茶荷移放至茶盘左侧桌面。茶盘内现仅余3套盖碗，将之稍作调整，分散但仍作三角形摆放。分散摆放不但美观，而且揭开盖子搁靠在杯托一侧后彼此不会磕碰。

（5）赏茶　双手捧取茶荷递给来宾，赏毕复位。

（6）温具　揭盖，提水壶逆时针向盖碗内注水至三分满，右手提腕令水壶断水，水壶复位。右手虎口分开，大拇指与中指搭在内外两侧碗身中间部位，食指屈伸抵住盖碗盖钮下凹处，端起盖碗，左手托住碗底，双手手腕呈逆时针运动，令盖碗内各部位充分接触热水后，将温碗之水弃入水盂。

（7）置茶　左手揭开碗盖，分别搁放在托的中、右、左方，使盖呈一个小三角形。用茶匙将茶样投放到盖碗中，通常150毫升容量的盖碗投茶2~3克。

（8）冲泡　水温宜控制在90~95℃。用单手或双手回旋冲泡法，依次向盖碗内注入容量1/4的开水，加盖后用摇香手法令茶叶充分吸水浸润，并让来宾试香。随后，左手揭盖挡于盖碗左侧上方，右手用“凤凰三点头”手法注开水。

（9）奉茶　双手连托端起盖碗，将泡好的茶依次敬给来宾，行伸掌礼表示请用茶；接茶者宜点头微笑或答以伸掌礼表示谢意。

（10）品饮　品饮分为3步：闻香、观色、啜饮。女士双手将盖碗连托端起，摆放到左手掌（此时左手如同掬着一捧水），右手腕向内一转搭放在盖碗上，用大拇指、食指及中指拿住盖钮，向右下方轻按，令碗盖右侧盖沿部分浸入茶汤中；复再向左下方轻按，令碗盖左侧盖沿部分浸入茶汤中；接着右手顺势揭开盖碗，将碗盖内侧朝向自己，凑近鼻端左右平移，嗅闻茶香；然后撇去茶汤表面浮叶（动作由内向外共3次），边撇边观赏汤色；最后将碗盖左低右高斜盖在碗上（盖碗左侧留一小隙）。赏茶毕，开始品饮时，右手虎口分开，大拇指和中指分搭盖碗两侧碗沿下方，食指轻按盖钮，提盖碗向内转90度（虎口必须朝向自己，这样饮茶时手掌会将嘴部掩住，显得高雅），从小隙处小口啜饮；端托碟的左手与提盖的右手，无名指与小指可微微外翘做兰花指状。男士用盖碗喝茶可用单手，左手半握拳搭在左胸前桌沿上，不用端起托碟；右手饮茶手法同女士（不用兰花指）。

（11）续水　盖碗茶一般续水两次，也可按来宾要求而定。泡茶者用左手大拇指、食指、中指拿住碗盖提钮，将碗盖提起并斜挡在盖碗口左侧；右手提壶高冲低斟向盖碗内注水，即使有少量开水溅出，也会被碗盖挡住。续水毕，饮者复品。

（12）收具　同绿茶。

（13）行礼　行鞠躬礼退场。

（14）净具　同绿茶。

3. 盖碗冲泡红茶㊀

茶具配置见表 2-6。

表 2-6　盖碗冲泡红茶茶具配置

名　称	材料质地	规　格
茶盘	竹木制品	约 35 厘米×45 厘米
盖碗	瓷制品	1 套
茶盅	瓷制品	1 只
品茗杯	瓷制品	4 只
杯托	竹木制品	4 只
滤网	不锈钢或陶瓷制品	带 1 个小柄或不带柄
茶匙筒	竹木制品	内放茶匙及茶夹
茶荷	瓷或竹木制品	不限
水盂	瓷制品	容量在 200 毫升以上
开水壶	玻璃制品	容量为 500 毫升左右
茶巾	棉、麻织品	约 30 厘米×30 厘米

冲泡程式如下：

（1）备具　茶盘内分为左、中、右 3 列：左列前方摆放 4 只反扣在杯托中的品茗杯，左列后方是茶荷与茶匙筒；中列前是盖碗，中间是茶盅，茶巾靠自己放；茶盘右列前方摆水盂，后方是水壶。

（2）备水　先用沸腾的开水温热水壶，将水壶中温壶的水倒入水盂，重新倒入刚煮沸的开水备用。

（3）行礼　同绿茶。

（4）布具　双手将水壶移至茶盘外右前桌面，水盂端放在水壶后方右侧桌面，茶巾放到水盂后方桌面；茶匙筒移放到茶盘左侧前方桌面，茶荷放在茶匙筒后方右侧桌面，将盖碗移至茶盘内右侧居中，茶盅移至茶盘左侧居中。双手按自右向左的顺序将 4 只品茗杯翻正。

（5）赏茶　双手端起茶荷，将茶荷中的茶样请来宾欣赏，赏毕茶荷复位。

（6）温碗　碗揭盖，提水壶逆时针向盖碗内注水至三分满，右手提腕令水壶断水，水壶复位。右手虎口分开，大拇指与中指搭在内外两侧碗身中间部位，食指屈伸抵住盖碗盖钮下凹处，端起盖碗，左手托住碗底，双手手腕逆时针运动，令盖碗内各部位充分接触热水后，将温碗之水倒入茶盅之中。

（7）投茶　用茶匙将茶荷中的茶叶拨入盖碗。名优红茶茶水比为 1∶50，当然也可根据来宾口味而定。投茶毕茶匙及茶荷复位。

（8）温润　水温度宜在 90~95℃，盖碗揭盖，右手提水壶用回旋手法（逆时针），向盖

㊀ 扫封底二维码看视频。

碗内注入开水，约为碗容量的1/4，水壶复位。右手盖盖，顺势端起盖碗，左手托碗底，逆时针转动盖碗进行温润。

（9）冲泡 揭盖，右手提水壶用高冲低斟手法向盖碗内注水，水量至盖碗碗沿翻口处即可，复盖。

（10）温盅 在冲泡间隙对茶盅及品茗杯进行温洗。左手端茶盅，右手托住盅底，双手手腕顺时针运动进行温盅，将温盅之水倒入品茗杯中。用茶夹夹起品茗杯，按自右向左的顺序进行温杯，温杯之水弃入水盂中。

（11）分茶 右手端起盖碗拿到茶巾上按一下，目的是吸尽盖碗碗壁与底部残水。将盖碗中的茶汤倒入茶盅之中，左手端茶盅按自右向左的顺序将茶汤分入品茗杯中，至七分满即可。

（12）奉茶 双手将泡好的茶依次敬给来宾。这是一个宾主融洽交流的过程，奉茶者行伸掌礼表示请用茶，接茶者宜点头微笑表示谢意，亦可答以伸掌礼。

（13）品饮 来宾接茶后，先闻香、观色，再小口啜饮。

（14）二道茶冲泡 泡第二道茶时要保证茶汤的浓度，即茶汤色泽与头道茶相近，令品饮者再次领会茶的香醇。冲泡手法如前。冲泡完毕，端茶盅为来宾斟茶。

（15）收具 同绿茶。

（16）行礼 行鞠躬礼退场。

（17）净具 方法同绿茶。

4. 紫砂壶台式乌龙茶泡法[㊀]

紫砂茶具是一种经过高温烧制成型的介于陶和瓷之间的精细茶器，具有特殊的双气孔结构，气孔微细，密度高，透气性极佳且不渗漏，具有良好的保温效果。用紫砂壶沏茶，利于保持茶汤原味和香气，一般常用于冲泡品饮乌龙茶，流行于福建、广东、台湾、香港、澳门等地。茶具配置见表2-7。

表2-7 紫砂壶台式乌龙茶泡法茶具配置

名 称	材料质地	规 格
双层茶盘	竹木制品	长方形，下层内设35厘米×45厘米贮水盘
紫砂壶	紫砂制品	4人用，200毫升左右
茶盅	紫砂制品	1只
滤网	不锈钢或陶瓷制品	带1个小柄或不带柄
品茗杯	紫砂（内壁白釉）制品	4只，30~50毫升
闻香杯	紫砂（内壁白釉）制品	4只，30~50毫升
杯托	紫砂或竹木制品	4只，椭圆形
茶匙筒	竹木制品	内放茶匙及茶夹

㊀ 扫封底二维码看视频。

（续）

名　　称	材料质地	规　　格
茶荷	瓷或竹木制品	不限
开水壶	玻璃制品	容量500毫升左右
茶巾	棉、麻织品	约30厘米×30厘米

冲泡程式如下：

（1）备具　茶盘内左侧前方放茶荷，左侧后方放茶匙筒；茶盘中部前方并列反扣4只闻香杯，中部后方放折叠茶巾1块，茶巾上横向反叠4只杯托，在闻香杯和茶托之间扣4只品茗杯；茶盘右侧前方反扣放滤网及茶盅，中部放紫砂壶，右下方置水壶。

（2）备水　将水煮开，倒入水壶中。

（3）行礼　同绿茶。

（4）布具　双手虎口分开，捏拿住4只杯托，向内转动手腕将之翻正后，移放到茶盘内水壶后方右侧；将茶巾放在小茶盘中水壶后方左侧。双手将茶匙筒与茶荷移放到茶盘右侧前方桌面上；按从右向左顺序依次翻正闻香杯；同样依次将品茗杯逐个翻正并移放到大茶盘内左侧后方（原放茶匙筒处）；将茶盅（内带滤网）翻正后置水壶与茶巾之间；将紫砂壶向左稍后位置移放，应在茶盅与闻香杯的空隙之处。布具完毕应保证来宾可清楚地看见茶盘中的3样茶具。

（5）赏茶　双手捧茶荷奉给最右侧来宾，由其传递给朋友欣赏干茶外形、色泽及干茶香。若是表演，则茶艺师双手捧茶荷从右向左展示给来宾。赏毕捧回复位。

（6）温壶和盅　左手提盖钮揭开紫砂壶盖放在茶盘上，右手提水壶向紫砂壶内注1/2热水，右手提水壶复位。左手加盖，右手转动手腕烫洗紫砂壶后，右手执紫砂壶将水注入茶盅中，温盅后倒入闻香杯中，右手持闻香杯斜45度倒扣至品茗杯中。

（7）置茶　左手提紫砂壶盖钮，把盖打开后放于紫砂壶左侧茶盘上（盖钮朝上），双手捧茶荷至胸前，左手直托茶荷，荷口对着壶口上方，右手取茶匙纵向拨取茶叶进紫砂壶。一般有些松的半球形乌龙茶用茶量为紫砂壶容量的1/2左右。当然，应视乌龙茶的紧结程度、整碎程度及口味而灵活掌握，如球形及紧结的半球形乌龙茶用量为1/3壶，较为疏松的条形乌龙茶用量为2/3壶。置茶毕将茶荷及茶匙复位。

（8）温润　右手提水壶用回旋高冲低斟手法向紫砂壶内注开水，至三分满，右手提水壶复位，加盖。

（9）冲泡　右手提水壶，用回转高冲低斟法向紫砂壶内注水至满，水壶复位，左手加盖，用水壶的水迅速淋于紫砂壶上，静置1分钟左右。

（10）温杯　将闻香杯旋转翻开放至原位，再用茶夹夹起品茗杯，逆时针转动一圈，然后提杯沥尽残水复位，按照自右向左的顺序逐个温杯。

（11）分茶　右手执紫砂壶将茶汤沥入茶盅（茶盅内有滤网），取出滤网倒置于茶盘上，右手执茶盅依次向闻香杯中斟茶，约七分满。

（12）奉茶　取一只杯托，右手取一只闻香杯先到茶巾上按一下，吸尽杯底残水放在杯托左侧；再取一只品茗杯在茶巾上按一下，放杯托右侧。双手端杯托先收回胸前略顿，再平稳奉至来宾座位前面。奉茶时应注意，闻香杯在来宾左侧，品茗杯在右侧，便于来宾取饮，并微笑点头行伸掌礼。

（13）品饮　接茶者还礼后，右手将品茗杯扣放在闻香杯杯口，接着右手食指与中指夹住闻香杯杯身基部，大拇指按在品茗杯底，向内翻转手腕令品茗杯在下，左手轻托品茗杯底放回茶托右侧；闻香手法是右手将闻香杯握于掌心，向内运动手指令闻香杯在手中逆时针转动，然后举杯至近鼻端，左手挡在闻香杯口前方，使香气集中便于嗅闻。茶叶品质越好则杯底留香越久。将闻香杯放回杯托，右手用“三龙护鼎”法端取品茗杯欣赏汤色后啜饮。

（14）二道茶、三道茶冲泡　冲泡手法如第一泡，冲泡时间稍长。第二泡需时比第一泡延长 15 秒，第三泡需时比第二泡延长 25 秒。如果茶叶耐泡，还可继续冲泡四、五道茶，虽然色香味明显逊色，茶人对好茶叶不忍轻易舍弃，乐于体会淡若清风的茶味也未尝不可。

（15）收具　同绿茶。

（16）行礼　行鞠躬礼退场。

（17）净具　同绿茶。

5. 紫砂壶潮汕工夫茶泡法㊀

茶具配置见表 2-8。

表 2-8　紫砂壶潮汕工夫茶泡法茶具配置

名　称	材料质地	规　格
双层茶盘	白瓷或白底花瓷制品	圆形，下层可贮水
大茶盘	竹木制品	35 厘米×45 厘米
紫砂壶	紫砂制品	3 人用，小壶
品茗杯	紫砂（内壁白釉）制品	3 只，小杯
杯托	紫砂或竹木制品	3 只
茶船	紫砂制品	形似大碗
茶匙筒	竹木制品	内放茶匙、茶针、茶漏
茶荷	瓷或竹木制品	不限
开水壶	玻璃制品	容量为 500 毫升左右
水盂	不限	不限
茶巾	棉、麻织品	约 30 厘米×30 厘米

冲泡程式如下：

（1）备具　大茶盘内左侧前放双层茶盘，双层茶盘上右边置紫砂壶，3 只小杯呈“品”

㊀ 扫封底二维码看视频。

字形摆放（杯口向下）在紫砂壶旁边、双层茶盘上左侧。双层茶盘后放 3 只杯托和碗形茶船及茶巾。大茶盘内右侧前排并列摆放茶荷与茶匙筒。

（2）备水　煮沸开水，倒入水壶中，置大茶盘内右侧后角备用。

（3）行礼　同绿茶。

（4）布具　将水壶提至大盘外右侧上方。双手依次捧取茶匙筒与茶荷，移至大茶盘左侧前方桌面；将茶巾移至大茶盘右侧下角，将茶船端至大茶盘右侧居中后方。

（5）赏茶　双手托捧茶荷，送至来宾面前，欣赏干茶外形及色泽等。

（6）温壶　左手提水壶用回旋注水法向紫砂壶内注开水，至五分满后开水壶复位；加盖，逆时针转动手腕烫壶后，右手执壶将温壶之水依次倒入 3 只品茗杯中。水尽，将紫砂壶放回茶船。

（7）置茶　双手端取茶荷，右手取茶匙将面上的粗大茶叶拨到一边，先拨取细碎茶叶入紫砂壶中，再取粗大茶叶置其上方（目的是冲泡后细碎茶渣不易随茶汤倒出）。一般情况下的投茶量，条形疏松乌龙茶用量为紫砂壶体积的 2/3 左右，球形及紧结的半球形乌龙茶用量为紫砂壶体积的 1/3 左右。当然，最终还应根据乌龙茶的紧结程度、整碎程度及口味而灵活掌握。

（8）冲泡　左手揭盖，右手提水壶向紫砂壶内回旋注水，继而提高开水壶，从紫砂壶内侧高冲水，直至满溢，但切记高冲注水时不可对准中心直接冲击茶叶。左手持紫砂壶盖由外向内刮去壶口浮沫，右手提水壶将盖上的浮沫冲净后盖回。

（9）淋壶　右手提水壶向紫砂壶盖冲热水，逆时针运转手腕，从紫砂壶身外围向中心处绕圈直至淋至盖钮处，使紫砂壶内外壁受热均匀。

（10）温杯　趁着茶叶冲泡静置的时间进行温杯。3 只品茗杯中原盛有热水，一般常用“狮子滚绣球”的传统工夫茶的温杯法进行温杯。手法是：右手大拇指和中指搭杯沿处，无名指扣杯底圈足侧拿起左边小杯，将其放至中间小杯热水内，食指推动上层小杯外壁，大拇指与中指辅助，3 指协同将此杯在中间小杯热水中清洗一周，然后提杯沥尽残水复位。接着将中间小杯放至右边小杯中，以相同手法进行温杯，最后的右后杯不再滚洗，直接转动手腕，让热水回转至全部杯壁，再将热水倒掉即可。

（11）运壶　右手持紫砂壶令壶底与茶船边沿轻触，逆时针方向荡一圈，俗称“游山玩水”。作用是刮去紫砂壶底部残水，晃动紫砂壶还有利于茶汤均匀。转毕提紫砂壶至茶巾上按一下，充分吸干紫砂壶底的残水。

（12）分茶　用“关公巡城”的手法将茶汤分入 3 只品茗杯中；观察各杯茶汤颜色，用“韩信点兵”手法用最后几滴茶汤来调节浓度。

（13）奉茶　如果来客围坐较近，不必使用奉茶盘。直接用双手捧取品茗杯，先在茶巾上轻按一下，吸尽杯底残水后将茶杯放在杯托上，双手端杯托将茶奉给来宾，并点头微笑行伸掌礼。

（14）品饮　接茶时可用伸掌礼对答或轻轻欠身微笑。右手以“三龙护鼎”握杯，举杯至近鼻端嗅闻茶香。接着将杯移远欣赏汤色，最后举杯分 3 口缓缓喝下，茶汤在口腔内应停留一阵，用舌尖两侧及舌面舌根充分领略滋味。喝毕握杯再闻杯底香，用双手掌心将茶杯捂热，令香气进一步散发出来；或者单手虎口握杯来回转动闻香。

（15）二道茶、三道茶冲泡　依次收回品茗杯，依原样放在双层茶盘中，注开水重新温杯。左手揭盖，右手提水壶回转冲水至紫砂壶口，加盖，淋壶。同冲泡其他茶类一样，第二、三道茶冲泡的要点在于保持足够的茶汤浓度。因此要延长冲泡时间，第二道茶冲泡 1 分 15 秒左右，第三道茶冲泡 1 分 40 秒左右。如果茶叶耐泡，可以继续冲泡第四道、第五道茶。斟茶、奉茶同上。

（16）收具　同绿茶。

（17）行礼　行鞠躬礼退场。

（18）净具　冲泡完毕，将来宾不用的茶器具收放于大茶盘中，端回整理。净具方法同绿茶。

2.2.4 茶叶品饮

1. 茶叶品饮的基本原则

茶叶是一种饮料，同时也是具有商品属性的产品。如果从饮用的需求而言，茶汤的滋味和香气是茶叶的核心，但是如果从商品的属性分析茶叶，那么美观的外形和光润的色泽也是不可忽视的。中国人饮茶的历史悠久，从最初的药用、食用再发展到饮用。唐代陆羽所写的《茶经》是最早将茶叶品饮方式形成规范及要求的书籍，在茶文化的历史演变潮流中，出现了越来越多的书籍对茶叶品饮方式提出了不同见解，如宋代的蔡襄所写的《茶录》、宋代黄儒所写的《品茶要录》、明代许次纾所写的《茶疏》、明代罗廪所写的《茶解》等著作，都对茶叶品饮有较为独到的阐述。

掌握茶叶的品饮方法，首先需要学习构成茶叶品质的要素，以及对茶叶品饮影响比较大的冲泡因素。茶叶品质一般是指茶叶的色、香、味、形与叶底。色即茶叶的色泽，包括茶叶干茶的色泽、冲泡后茶汤的色泽及最后茶叶叶底的色泽；香即茶叶的香气，主要是冲泡后茶叶的香气和茶汤的香气；味即茶汤的滋味，是组成茶叶品质最关键的因素；形即茶叶的形状，包括干茶的形状和冲泡后叶底的形状；叶底即冲泡后的茶渣。掌握了每类茶的茶叶品质特点，再选择适合的泡茶用水、茶水比例和水温及泡茶时间，则掌握了茶叶的品饮方法。另外，深入掌握茶叶的品饮方法还需掌握不同材质茶具对茶叶品质的影响。

对茶叶外形的品鉴，是我们在品饮任何一款茶时首先要掌握的内容。中国的茶类多、花色不同，茶叶外在的形状和色泽各具特色。不同外在形状的茶叶在选择品饮方式上会有所不同。常见的茶叶形状分为条形、卷曲形、圆珠形、扁形、针形、尖形、花朵形、束形、颗粒形、片形、粉末形、雀舌形、环钩形、藤蔓形、米粒形、团块形、螺钉形等。如细嫩原料制作的卷曲形或尖形茶，宜采用先冲水再投放茶叶的方式；而圆珠形、团块形或颗粒形、螺钉形的茶叶，宜采用先投放茶叶再冲水的方式；而粉末形茶叶不太适合冲泡，适合煮饮或者点茶方式。

对茶叶的叶底进行观察也是品鉴的重要环节。叶底即冲泡后的茶渣，很多人品茶时一般不关注。茶叶在冲泡时吸收水分膨胀到鲜叶时的大小，能够比较直观地观察出原本鲜叶采摘的生长状态。中国人在品饮茶叶时，由古至今均是艺术美学的高度，叶底形状的好坏，间接影响着品饮方法。

目前中国茶叶叶底的形状，大体可分为芽形、雀舌形、花朵形、整叶形、半叶形、碎叶形和末形等 7 种类型。

（1）芽形　由单芽组成的叶底属此类型，如君山银针、白毫银针、米茶、蒙顶石花等。此类型的叶底均具有欣赏性，如君山银针芽头肥壮，冲泡时芽头骤顶水面，而后徐徐下沉，似金枪直立，再沉于杯底，又似群笋出土，芽影水光交相辉映。

（2）雀舌形　经冲泡后的叶底如雀嘴张开，芽梢基部茎叶相连。属此类型的茶大部分为一芽一叶初展的鲜叶所制，如黄山特级毛峰、莫干黄芽、敬亭绿雪等。

（3）花朵形　叶底芽叶完整，冲泡自然展开似花朵。此类型的茶有火青、猴魁、白牡丹、绿牡丹、龙井、旗枪、小兰花、各种毛尖、毛峰等。高级珠茶的叶底多为完整的一芽二叶，故亦属此类型。

（4）整叶形　由芽叶或单叶制成，制茶中没有破碎的工序，如炒青、烘青、红毛茶的叶底均为整叶形，六安瓜片的叶底全叶完整无缺，也属此类型。

（5）半叶形　条形茶经精制筛切整形后精制茶的叶底，多呈半叶形。如工夫红茶、眉茶等，因精制后茶叶的外形匀整平伏，故叶底芽叶的大小也基本匀齐一致，老嫩也基本相同。

（6）碎叶形　经揉切破碎工序制成的毛茶或精制茶的叶底均属此类型，如红碎茶的碎、片形茶，绿碎茶等。

2. 茶类品饮的基本方法

茶叶的品饮方法多种多样，不可一成不变，要灵活运用，做到看茶饮茶。在饮用所有茶叶时，都需简单掌握品鉴茶叶的方法。一般品饮茶汤时，都需要从 3 个方面简单品鉴茶汤，分别是茶汤色泽、茶汤香气和茶汤滋味。

（1）茶汤色泽　茶叶内含成分溶解在沸水中所呈现的色彩，称为汤色，又称水色。观赏汤色要及时，因茶汤中的成分和空气接触后很容易发生变化。在相同的温度和时间内，绿茶色变大于红茶，小叶种大于大叶种，嫩芽大于老叶，新茶大于陈茶，在品饮时应引起足够注意。汤色易受光线强弱、茶碗容量、排列位置、沉淀物多少、冲泡时间长短的影响。所以，观察汤色要及时，两款茶对比看汤色时要注意茶具体积一致。另外，白瓷和玻璃茶具更便于观赏茶汤色泽。茶汤一般在茶叶冲泡一段时间后形成，而人工加色素的茶冲泡后色素便立即溶于水，且汤色出现明显的分层现象，要注意区分。各类茶有固定的色泽，一般汤色明亮有光的茶品质更优。

绿茶汤色以浅绿或黄绿为宜，并要求清而不浊，清澈明亮；红茶汤色要求红艳，工夫红茶带有“金圈”，即在茶杯汤面形成一圈金黄色的油环者为佳，而色泽红褐带青，甚至暗淡、混浊者为下；乌龙茶以金黄明亮或橙红明亮为好；黄茶以杏黄明亮者为好；白茶以黄亮或橙黄透亮为好；黑茶以红艳明亮为好；花茶以黄明亮为上。茶汤色泽为混浊不明亮者，均为下品。

（2）茶汤香气　茶汤香气应以热嗅、温嗅、冷嗅相结合进行，热嗅主要闻茶的香气正常与否及香气的高低；温嗅看香气的优次；冷嗅了解香气的持久程度。嗅闻茶叶香气最适合的叶底温度为55℃。热嗅由于茶汤刚倒出来，杯中蒸汽大量散发，嗅觉神经受到烫的刺激，会影响其敏感性。因此，辨别香气的优次，还是以温嗅为宜，准确性较高。冷嗅了解香气的持久程度，或者两种茶的香气在温嗅时不相上下，可根据冷嗅的余香程度来加以区分。品鉴茶叶香气时还应避免外界因素的干扰，如烟味、香水及化妆品的味道、洗手液洗手后残留的味道等都会影响鉴别香气的准确性。

凡茶的香气清高纯正，使人有心旷神怡之感即是好茶。一般优质绿茶清香花香纯正，乌龙茶以花香清高或浓郁为上品，红茶以甜香或花香浓烈持久为佳，黄茶以清鲜为佳，白茶以清纯毫香显著为好，黑茶以陈香浓郁为好，花茶以鲜浓持久为好。香气低沉、粗老，甚至有异味、霉味者均为次品。

（3）茶汤滋味　品尝茶汤的温度要适宜，一般以50℃左右较为适合，一是味觉对温度较低的茶汤灵敏度差，二是茶汤中和滋味有关的物质溶解在热水中多而协调，随着温度下降，原溶解在热汤中的物质逐步析出，汤味由协调变为不协调。品茶时宜用瓷质小杯将茶汤吮入口内，由于舌的不同部位对不同滋味的灵敏度不同，茶汤入口后在舌头上循环滚动，才能相对较全面地辨别滋味。品尝滋味主要按浓淡、强弱、爽涩、鲜滞及纯异等评定优次。在喝茶前最好不吃会强烈刺激味觉的食物，如辣椒、葱蒜、糖果等，并不宜吸烟，以保持味觉和嗅觉的灵敏度。

一般认为绿茶茶汤如果鲜醇甘爽，则属上等绿茶；如果平淡涩口，多为粗老绿茶。红茶滋味要求浓厚、强烈、鲜爽，如果滋味平和、粗淡，则为低档红茶。乌龙茶滋味则要求浓醇回甘，无涩味感。黄茶滋味以鲜醇回甘为佳。白茶以清鲜醇爽毫味足为好。黑茶以浓醇甘爽为好。花茶以鲜浓醇厚为好。茶汤滋味淡薄、苦涩、粗、有异味者均为不佳。

3. 细嫩茶叶的品饮

这类茶叶大多是名优绿茶，也包括少量的黄茶、红茶和白茶。

（1）名优绿茶　名优绿茶在色香味形4个方面都比较讲究，因此在品饮时也要注意这4个方面的特点。

首先，在茶具选择上，以玻璃杯、白瓷或影青茶杯为宜，这类茶具适合欣赏茶汤的颜色与茶叶的形状。采用透明玻璃杯泡饮细嫩名茶，便于观察茶在水中缓慢舒展的过程，人们称其为“茶舞”。其次，要欣赏茶叶在冲泡的每个阶段的香气变化，从干茶的香气，到热杯烘茶后发出的香气，再到沸水温茶时发出的香气，这是一个茶叶香气逐渐散发的过程。最后是品味茶汤，同为名优绿茶，但是冲泡时间及温度不一样，展现出来的茶汤滋味也不一样，总体来说，以鲜、爽、醇为上佳品质。各个地区因制茶工艺的差异和泡茶习惯的不同，茶汤在风味上会有地域性的差别，这些是茶叶的个性特点，与产茶地的饮食习惯有关系，如饮食清淡的江浙地区，绿茶的风味整体淡雅平和；饮食风味麻辣的四川地区，绿茶的青草味则稍重一些；云贵地区的绿茶风味厚重凛冽，除了与高原地区的原料有关，当然也与该地区重口味的饮食有关系。无论是哪个产地，细嫩的名优绿茶在冲泡时都要避免过度闷泡出现熟汤味。

（2）细嫩红茶　红茶有红碎茶和红条茶之分。传统的条形红茶主要用于出口，不太讲究芽叶的细嫩。近些年来，国内红茶的消费上升，由于我国饮茶多采用清饮的方法，所以对红茶也要求芽叶细嫩、口感清新。对于汤色的要求，既要有传统的浓艳，也要有淡雅的红黄色。香气方面以清甜香为主，口感也讲究清新甜爽。

细嫩红茶因为芽叶完整美观，因此在茶具上也以玻璃杯为宜，可以方便观赏茶汤颜色与茶叶形态，白瓷茶杯也比较适宜。偏青绿色或黑褐色茶具不宜用来品赏红茶，这些茶具会使茶汤颜色变得暗淡。在冲泡时也要注意保持细嫩红茶的嫩香，过高的温度也会烫伤茶芽，使茶汤滋味变得苦涩并有熟汤味。在口味上，要求清新甜爽，不可有陈味、酸馊味、巧克力味等。

根据产地不同，红茶风味也有差异，江浙皖地区的细嫩红茶通常清新淡雅，云贵地区的红茶大多口感浓厚。如祁门红茶色泽乌润略带灰光，有类似蜜糖或苹果的香气，汤色红亮，滋味鲜醇带甜，叶底红明亮；金骏眉（图 2-70、图 2-71）条索紧细，色泽金黄和黑相间且色润，香气具复合型花果香（桂圆干香、蜜枣香、玫瑰香），滋味醇厚甘甜、桂圆味浓厚，汤色金黄清澈，叶底匀整，呈古铜色。

图 2-70　金骏眉干茶

图 2-71　金骏眉茶汤

（3）白茶　比如细嫩的白毫银针，用玻璃杯冲泡白毫银针有利于观赏杯中茶叶、茶汤的变化，可采用中投法者下投法。白毫银针在冲泡时茶芽上的茶毫会有脱落，悬浮在茶汤中闪闪发亮，在饮用时会有明显的毫香。白毫银针采用不炒不揉的工艺制作而成，色香味形 4 个方面都以自然为佳，有日光的风味，形状自然，滋味甜爽清雅，汤色淡黄明亮。如果出现了油脂酸败的气味，则表示茶的品质有问题。

（4）黄芽茶　君山银针是黄芽茶中的著名茶品，产于湖南岳阳君山。君山银针全由未展开的肥嫩芽头制成。制法特点是在初烘、复烘前后进行摊凉和初包、复包，形成变黄特征。君山银针外形芽头肥壮挺直，每 500 克约有 2 万个芽头，匀齐，满披茸毛，色泽金黄光亮，称“金镶玉”。内质香气清鲜，汤色浅黄，滋味甜爽，冲泡后芽尖冲向水面，悬空竖立，继而徐徐下沉杯底，状如群笋出土，又似金枪直立，汤色茶影交相辉映，极为美观。用玻璃杯冲泡君山银针有利于观赏杯中茶叶、茶汤的变化。可采用中投法或下投法。

4. 乌龙茶的品饮

乌龙茶主产于福建、广东和台湾。加工乌龙茶，要在茶树新梢生长至一芽四五叶顶芽形成驻芽时，采其二三叶，俗称“开面采”。鲜叶经晒青、晾青、做青，使叶子在水筛或摇青机内，通过手臂或机器的转动，促使叶缘组织遭受摩擦，破坏叶细胞，有效控制多酚类发生酶促氧化缩合，生成茶黄素（橙黄色）和茶红素（棕红色）等物质，形成绿叶红边的特征，而且散发出一种特殊的芬芳香味，再经高温炒青，彻底破坏酶活性，并且经过揉捻，使乌龙茶形成紧结粗壮的条索，最后烘焙，使茶香进一步挥发。

乌龙茶品饮特别重香味，先闻其香，后尝其味，高冲浅斟慢饮，是品饮乌龙茶的特有韵趣。小壶泡法和盖瓯泡法在福建、广东、台湾流传已久，均可选用。紫砂壶具有保温聚香不闷味的功能，瓷质盖瓯利于分辨香气，又由于制乌龙茶的鲜叶原料较为成熟，加工后成品的香气成分沸点较高，通过沸水冲泡，有利于香气挥发。

（1）凤凰单丛　凤凰单丛茶具有自然的花香味和橙黄的汤色，十分诱人，而且耐冲泡，是潮州工夫茶的顶级茶品。潮汕工夫茶以精致小巧的茶具和颇为考究的烹制方法为特点，有所谓“烹茶四宝”：玉书碨、潮汕炉、孟臣罐、若琛杯。冲泡茶具多用潮汕朱泥壶，要求“小浅齐老”，认为壶小则香气氤氲，大则易于散热；茶杯也“宜小宜浅”，犹如半只乒乓球大小，杯小则一啜而尽，浅则水不留底。潮州工夫茶烹法有所谓“十法”，即活火、虾须水、拣茶、装茶、烫盅、热罐、高冲、盖沫、淋顶与低筛。也有人把烹制工夫茶的具体流程概括为“高冲低洒，盖沫重眉，关公巡城，韩信点名”或称“八步法”。冲泡凤凰单丛的潮汕朱泥壶一般容量为100～150毫升，茶叶的投放量在8～10克，泡茶水温在95℃以上为宜，冲泡时间不宜过长，过长会苦涩。茶叶冲泡后趁热品尝，品分三口，先闻其香韵，后啜吸茶汤，品其味，回其甘，分3次饮完一杯茶。

（2）铁观音和大红袍　福建乌龙茶分闽北乌龙和闽南乌龙两大类。闽北乌龙茶以武夷岩茶为代表，如大红袍、肉桂等；闽南乌龙茶以铁观音为代表，具有浓郁音韵的铁观音，七泡八泡仍有余香。

福建工夫茶的基本用具有茶炉、紫砂壶或盖碗、白瓷茶杯和茶洗盘等。冲泡铁观音和大红袍宜选用150毫升左右的盖碗，投入8克左右的铁观音或大红袍，用95℃以上的热水冲泡，茶汤冲泡好之后分斟入杯中先观汤色，再小口品啜滋味。

（3）白毫乌龙　白毫乌龙的诞生有一段有趣的经历。北浦一带茶树在夏季易遭受小绿叶蝉叮咬，茶鲜叶受刺激后形成较多的甜味果香类物质。用这种鲜叶制成乌龙茶，外形条片状有白毫，红褐相间，非常美观，喝起来有一种蜜糖果味香，汤色橙红，滋味甘醇，别有风味，也被称为“东方美人茶”“膨风茶”。此茶加少许白兰地酒调饮，犹如香槟，因此又得名“香槟乌龙茶”。白毫乌龙因其滋味甘醇的特点，特别适合调饮，可与蜂蜜、蜜桃及酒等调制。

5. 粗壮茶的品饮

粗壮茶在六大茶类中都有生产，其中以黑茶类最有特点，其他的粗壮茶类的品饮不太讲究。黑茶有毛茶与成品茶之分，黑毛茶精制后大部分会制作成再加工茶，如各类砖茶、块状茶、篓装茶等。黑茶因原料普遍粗老，适合的品饮方法有煮饮法、工夫茶泡饮法、调饮法等。

1）湖南黑毛茶。一般以一芽四五叶的鲜叶为原料，经杀青、初揉、渥堆、复揉、干燥等5道工序制成。品质特征是外形条索尚紧、圆直，色泽尚黑润，内质香气纯正，带松烟香，汤色橙黄，滋味较醇和，叶底黄褐。黑毛茶分为4个等级，高档茶尚嫩，低档茶较粗大。一级茶条索紧卷、圆直，叶质尚嫩，色泽黑润。二级茶条索尚紧，色泽黑褐尚润。三级茶条索欠紧，呈泥鳅条，色泽纯净呈竹叶青带茶油色或柳青色。四级茶叶张宽大粗老，条松扁皱折，色黄褐。

安化黑茶是湖南黑茶的代表，其煮饮方法是：取茶15克左右，将水（500毫升）烧至一沸时（壶壁起水泡时），将茶放入，至水沸滚后，文火再煮2分钟，停火滤渣后，分而热饮之。或者按照乌龙茶工夫茶的冲泡方式饮用即可。但是在少数民族地区，安化黑茶更多调饮后再喝，如奶茶饮法，按传统方法煮好茶汤后，将奶、茶汤按1∶5的比例调制，具体比例因人而异，然后加适量盐，即调成具有特色的奶茶。

2）普洱茶产于云南省澜沧江流域的西双版纳及思茅等地。因历史上多集中于滇南重镇——普洱来进行加工、销售，故以普洱茶命名。按其加工工艺及品质特征，普洱茶分为生普洱茶与熟普洱茶两种类型。其中生普洱茶属于绿茶，熟普洱茶属于黑茶。熟普洱茶有耐贮藏的特点，在一定的时间内并在良好的贮藏条件下贮藏可以改善并提高其品质。熟普洱茶的品饮方式与安化黑茶相似，可以工夫茶的方式泡饮，也可煮饮或加菊花、陈皮、奶等调饮。

3）小种红茶是我国福建特产，其中以崇安星村桐木关所产的正山小种最为著名。冲泡正山小种可选择盖碗，取适量茶叶置于温洗过的盖碗中，冲入盖碗1/3容量的90℃热水进行润茶，然后再次向盖碗中注入沸水至盖碗七分满，一段时间后将茶叶倒出直接饮用即可。

4）白茶中的白叶茶，包括白牡丹和贡眉，采摘时要求鲜叶“三白”即嫩芽及两片嫩叶满披白色茸毛。贡眉色香味都不及白牡丹。品质较差的称为寿眉，品质特征是外形芽心较小，色泽灰绿稍黄，香气鲜纯，汤色黄亮，滋味清甜，叶底黄绿，叶脉带红。因贡眉的原料比较粗老成熟，可使用工夫茶泡饮法，但是煮饮陈年贡眉的品饮方式更受顾客欢迎。贡眉煮饮法类似安化黑茶煮饮法。

5）黄小茶中的沩山毛尖、北港毛尖、远安鹿苑茶、平阳黄汤等，以及黄大茶中的霍山黄大茶、广东大叶青等，可选择瓷杯、紫砂壶等器具泡饮，也可煮饮。茶味要求干净无异味，茶汤清澈明亮。

6. 花茶的品饮

茉莉花茶是我国花茶中最主要的产品，品饮方式可使用玻璃杯或盖碗、紫砂壶进行冲泡，特级茉莉花茶宜选用盖碗进行冲泡。即在干茶欣赏以后，取茶入盖碗，冲入90℃左右热水至盖碗容量的1/3时，让茶叶温润舒展，然后再冲水至七分满。品饮时，先揭开盖碗杯盖闻香，再观赏汤色，最后小口啜饮。

技能训练2 不同类别、品种茶叶的冲泡

1. 材料和器具准备

1）材料：六大茶类各准备2个典型品种。

2）器具：白色瓷盖碗6个，无色透明玻璃杯6个，紫砂壶6个，品茗杯根据学员人数准备，其余茶具视需要而定。

2. 训练步骤

由指导老师将练习用茶样提前编号，按照课堂具体情况将茶样分组，然后指导学员进行如下练习。

1）观察茶样，判断出茶样的类别、品种，然后根据其特性选择一种茶具。

2）确定适合该茶样的泡茶三要素。

3）从烧水开始，完成冲泡该茶样的全部流程，直至冲泡出第一泡茶汤，倒入公道杯。

4）将茶汤、叶底给指导老师和学员们观察、品鉴，听取意见。

5）将泡茶三要素、品鉴反馈填入表2-9，由指导老师评定、总结和分析。

表2-9 茶叶冲泡记录

学员姓名：

练习日期：

序号	判断茶类	选择茶具	茶水比例	适宜温度	浸泡时长	品鉴反馈
1						
2						
3						
4						
5						
6						
7						
8						
9						
10						
11						
12						
指导老师点评						
分数						

注：本表格在使用中可以按照实际需要加大间距或尺寸，以方便学员填写文字。

（培训机构：　　　　　　　　　　　指导老师：　　　　　　　　　　）

复习思考题

1. 简述长炒青、圆炒青、扁炒青绿茶的种类及各自的品质特征。
2. 简述普通烘青绿茶、特种烘青绿茶的品质特征。
3. 简述晒青绿茶、蒸青绿茶的品质特征。
4. 简述我国红茶、黄茶、乌龙茶、黑茶、再加工茶的类别与基本特征。
5. 如何设计茶馆的茶单?
6. 泡茶器具的种类有哪些? 各有什么特点?
7. 简述六大茶类的冲泡方法。
8. 茶叶品饮的基本原则有哪些? 如何品鉴茶的色香味?
9. 细嫩茶叶的品饮要注意哪些方面?
10. 乌龙茶的品饮要注意哪些方面?

项目3

茶间服务

- 茶间服务
  - 茶饮推介
    - 交谈礼仪规范及沟通艺术
    - 茶叶成分与特性
    - 不同季节饮茶特点
  - 商品销售
    - 顾客离席后的工作
    - 结账、记账基本程序
    - 茶叶销售基本知识
    - 茶具销售基本知识
    - 茶叶、茶具包装知识
    - 售后服务

3.1 茶饮推介

3.1.1 交谈礼仪规范及沟通艺术

1. 倾听顾客意见

顾客对于茶叶的味觉感知和审美趣味是有差异的，各有各的喜好，并没有高低之分。因此茶艺师要真诚地倾听顾客意见，而不是一味地认为顾客在说外行话、不懂茶叶与茶艺。另外，也不要随意打断顾客的讲话。

通常来说，习惯饮用绿茶的顾客，会偏爱清新淡雅的口感，也喜欢细嫩的茶芽、春水一般的茶汤；习惯饮用乌龙茶的人，大多喜欢厚重饱满的滋味，不太喜欢绿茶那种清淡的风味；喜欢饮用红茶的人觉得红茶香甜醇厚，不喜欢的人则可能会觉得红茶有一股烟味、焦味或酸味；喜欢饮用普洱茶、安化黑茶、六堡茶的人能够品尝到黑茶中的菌花香、陈香和润滑的口感，不喜欢的人会对这些味道反感，觉得此类茶普遍有霉味。这些还是平常有饮茶习惯的人，对于不怎么饮茶的人来说，大多数茶都是苦涩的。

对于茶艺，普通的饮茶者可能会不习惯。人们在日常生活中，由于生活节奏较快，很少去仔细品尝一款茶，只是将茶用来解渴，从他们的角度来看，茶艺与生活是隔了一层的。顾客喜欢的，茶艺师要为顾客用心准备茶品及品饮形式；顾客不喜欢的也是一种需求，这种需求依赖茶艺师用专业的知识与技能来引导顾客，带领顾客发现各种茶的美味。茶艺师的引导过程，同时也是茶艺被顾客接受的过程，要让顾客知道，茶艺并不是“花架子”，而是冲泡一款美味茶汤的技法，是品茶意境营造的过程。

2. 语言亲切规范

优秀的茶艺服务人员应该有着敏锐的观察力，接待顾客时常常“三看顾客、投其所好”。所谓“三看”是指：一看顾客的来意，根据顾客不同的目的给予不同形式的接待；二看顾客的衣着打扮，判断其身份、爱好，根据这些判断为顾客推荐可能感兴趣的茶品或商品；三看顾客的举止谈吐，琢磨顾客的心理意图，为顾客提供恰如其分的服务。由此可见，“三看顾客”实际即要求茶艺服务人员具备细致入微的观察能力，以及科学的消费心理学知识，通过察其意、观其身、听其言、看其行来对顾客的消费需求进行正确的判断，从而为顾客提供高水平的服务。

当有顾客过来，走近茶馆 1 米以内时，茶艺服务人员应当面带微笑地说“欢迎光临”，做到笑迎天下客，接一、顾二、招呼三，这时茶艺服务人员可以利用神态表情与第三位甚至更多的顾客打招呼，使他们感到没有被冷落。同样也要坚持做到“三到”“三声”。具体就是“顾客到、微笑到、敬语到”，以及“来有问声、问有应声、走有送声”。

点茶完毕，茶艺服务人员根据顾客的茶饮需要领取茶叶并选配相应茶具，准备泡茶用水，进行泡茶服务。泡茶时向顾客详细讲解、示范，要求动作规范，语言清晰、流畅，多用肯定语气。一般顺序为：介绍茶具—鉴赏茶叶—按要求边冲泡边讲解。但在冲泡的同时不宜说话，以免口水飞沫落入茶杯中。奉茶时将每杯茶斟至七分满，并说“请用茶”，语调要舒缓。

与顾客交流时，解说用词要专业、准确。可以用故事增加趣味性，但在解说茶的品质特点、养生功效及茶史茶文化知识时，尽可能不用各种流行的销售话术。对于顾客来说，专业的才是可信的。对于顾客所说的明显不恰当的话，茶艺师也应该先肯定顾客话中的合理部分，然后再把正确的内容委婉地表达出来。

对于茶艺流程的解释要从品味茶的色香味形的角度，也就是品味一杯好茶的角度来进行，避免过于花哨、故弄玄虚的解说。

3. 部分其他国家的饮茶服务

（1）日本、韩国顾客　日本、韩国历来有饮茶的传统，且在长期的饮茶历史中形成了独特的饮茶文化。茶艺服务人员在接待日、韩顾客时，应注意泡茶的礼仪规范。因为他们不仅讲究喝茶，更注重喝茶的礼节、礼仪，要让他们在规范的茶叶冲泡服务中感受中国茶文化的博大精深。

（2）印度、尼泊尔顾客　印度、尼泊尔日常生活中习惯以“合十礼”互致问候，表示谢意。在服务过程中，茶艺服务人员也可以使用“合十礼”表示礼貌。同时，要注意尊重不同国家的习惯，比如印度人在拿食物、敬茶时，一般用右手，不用左手。

（3）俄罗斯顾客　俄罗斯人喜欢喝加糖的红茶，且习惯在喝茶时配以点心。茶事服务中，除了给顾客提供白糖之外，还可以向顾客推荐一些甜味的茶食。

（4）英、美顾客　英、美顾客大多数喜欢喝加奶加糖的红茶，美国人还喜欢喝冰茶。在服务中，茶艺服务人员可以根据顾客的需求为顾客提供这些辅助食品，来满足顾客的需求。

3.1.2　茶叶成分与特性

1. 正确表述茶的养生功效

中国工程院院士陈宗懋明确表示：茶确实有保健作用，但不能宣传茶就是药！“茶为万病之药”这句很多茶友耳熟能详的话，经常被人误解出自唐代医药学家陈藏器的《本草拾遗》，但实际上这句话出自日本荣西禅师的《吃茶养生记》，2011 年竺济法、林乾良等人已经考证。“茶为万病之药”是荣西禅师的一种文学夸张表达，不能视作严谨的医学建议。用现在的中医茶疗研究观点来衡量，这句话也不符合林乾良总结的茶叶的 24 项功效。将茶宣传为药，也不符合我国现行的相关法律。即使茶被加工成保健食品，也不具有医学疗效。

茶艺师无论自己饮茶保健，还是在经营中向客户推荐茶，一定要注意上面的严格限定条件，不能把茶当作药，也不能向顾客宣传茶是药。茶有保健功效，不等于有疗效，这是两个不同的概念。

2. 茶叶中的主要化学成分

茶叶加工通常采摘茶树的新梢（当年发芽长出的芽叶、枝条）鲜叶来加工，加工成干茶的过程中，其内含化学成分会发生一些变化，但是主要化学成分的含量、性质基本不变。以下首先介绍鲜叶中的化学成分。目前茶树鲜叶中经分离、鉴定的已知化合物有700多种，其中包括茶树的初级代谢产物蛋白质、糖类、脂肪，也包括二级代谢产物多酚类、色素、茶氨酸等，见表3-1。

表3-1　茶树鲜叶中的化学成分

鲜叶水分，75%~78%			
鲜叶中的干物质，22%~25%	以鲜叶中的干物质重量作为100%，其中有机化合物，93%~96.5%	蛋白质，20%~30%	谷蛋白、白蛋白、球蛋白等
		氨基酸，1%~4%	已发现26种，主要是茶氨酸等
		生物碱，3%~5%	主要是咖啡因、茶叶碱、可可碱
		酶，含量极少	氧化还原酶、水解酶、磷酸酶、裂解酶等
		茶多酚，18%~36%	主要是儿茶素，占总量的70%以上
		糖类，20%~25%	主要是纤维素、果胶、淀粉、葡萄糖、果糖
		有机酸，3%左右	主要是苹果酸、柠檬酸、草酸、脂肪酸
		类脂，8%左右	主要是脂肪、磷脂、甘油酯等
		色素，1%左右	叶绿素、胡萝卜素类、叶黄素类等
		芳香物质，0.005%~0.03%	醇类、醛类、酸类、酮类、酯类、内酯
		维生素，0.6%~1.0%	水溶性：维生素C、B族维生素等 脂溶性：维生素A、维生素D、维生素E、维生素K等
	无机化合物（灰分），3.5%~7%	水溶性，2%~4%	磷、钾等
		不溶性，1.5%~3%	钙、镁等

3. 茶叶成分的健康功效

（1）茶多酚的健康功效　茶多酚是一类多羟基酚类化合物，为茶叶中含有的一种高效天然抗氧化剂，具有强大的清除自由基作用和独特的生物学活性，成为生物化学、医学等领域的研究热点。

浙江大学杨贤强教授介绍，浙江大学在研究茶多酚的保健功能方面，已证明了它至少有12种功效，包括能够清除自由基、调节免疫功能；在对抗辐射损伤，抗肿瘤、心脑血管疾病、肾疾病方面具有一定的作用；对微生物有一定抑制作用；有一定的解毒功效；能辅助延缓衰老、减轻老年多发病；能醒神益思、消除疲劳；对口腔健康大有裨益；此外还有一定的美容作用。

茶多酚的重要功效是抗氧化，其机理如下：抑制自由基的产生；直接清除自由基；对抗氧化体系的激活作用；自由基损伤及茶多酚多种抗氧化机理的协同作用。

茶多酚除了具有显著的健康功效，在生活中也有广泛的作用，例如清除异味，可以清除环境臭气。茶多酚还可以用于食品保鲜，如对油脂的抗氧化、对肉制品和高脂食品的保鲜作用。

（2）茶色素的健康功效　茶色素，是茶叶中所有有颜色的化学成分的总和。一般来说，茶色素是茶叶中所含有的天然色素类物质，包括叶绿素、类胡萝卜素、黄酮类色素等，这些物质在绿茶的加工过程中大多能得以保留；此外还包括一些加工过程中经化学反应得到的产物，尤其是红茶加工过程中茶多酚氧化所产生的茶黄素、茶红素类物质。

茶黄素类是茶色素中的主体成分之一，具有极强的生理活性，在茶色素的药理功能中发挥着极大作用。茶黄素类同样具有一定的抗氧化、预防心脑血管疾病、预防衰老、增强免疫机能、预防龋齿、防癌抗癌、抗菌、抗病毒等药理功能，甚至某些方面的功效比儿茶素还要好。

（3）氨基酸的健康功效　茶氨酸是茶叶中最主要的氨基酸，占茶叶游离氨基酸的50%以上。研究发现，茶氨酸具有一定的抗癌、降血压、改善大脑功能等重要功能。

（4）生物碱的健康功效　在茶树体内的生物碱主要是嘌呤碱，也有少量嘧啶碱。茶叶中的嘌呤碱和大多数生物碱一样，均为无色结晶，有苦味。茶叶中的嘌呤碱主要有咖啡因、可可碱、茶叶碱3种，它们在茶树体内可以相互转化，含量最多的是咖啡因。茶叶中的生物碱具有兴奋、利尿、助消化等作用。

（5）茶多糖的保健功效　茶叶中不仅有糖基与糖基构成的多糖（如纤维素），也有糖基与蛋白质结合构成的酸性多糖或酸性糖蛋白，茶叶中的这些多糖复合物习惯简称为茶多糖。药理试验证明了茶多糖具有一定的降血糖、血脂，以及防辐射、增加机体免疫功能等作用。

（6）茶皂素的健康功效　据《本草纲目》记载，中医早就利用茶皂素来治疗呼吸系统疾病。此外，茶皂素可望用于辅助预防心血管疾病。

（7）矿物质元素的健康功效　茶叶中的无机成分占干物质总量的3.5%~7%，按照《食品安全国家标准　食品中灰分的测定》（GB 5009.4—2016）方法，食品经灼烧（550℃±25℃灼烧至无炭粒即表示灰化完全）后所残留的无机物质称为灰分。灰分中能溶于水的部分称为水溶性灰分，占总灰分的50%~60%。粗老茶、含梗多的茶叶总灰分含量高，嫩度高的茶叶其水溶性灰分比例高。茶叶中的灰分主要是矿物质元素及其氧化物，矿物质元素主要有铁、锰、铜、锌、钙、镁、钾、钠等。这些矿物质在热水中的溶出率不一样，一般在20%左右。

1）钾在干茶中含量为2%~3%，在芽叶新梢中含量较高。在人体所含的矿物质中，钾排在第三位，是调节体液的重要元素。当人体出汗时，不仅需要补充钠，也需要补充钾。

2）锌是茶树必需的微量元素，在茶叶中含量2~6毫克/100克，人体内锌是很多酶的组成成分。动物性食品是人体锌的主要来源，一般水果、蔬菜、谷类、豆类中的锌含量相当低。而茶叶中的锌含量高于鸡蛋、猪肉，并且在茶汤中锌的浸出率可高达75%，易被人体吸收。

3）茶叶中锰含量一般在30毫克/100克，比蔬菜、水果高约50倍，茶汤中锰的浸出率约为35%。锰是人体必需的微量元素，成人每天需锰2.5~5毫克，而一杯浓茶中的锰含量就可以达到1毫克。

4）茶树中氟含量比一般植物高十倍至几百倍。茶树中粗老叶的含氟量高于嫩叶。茶叶中的氟在热水中浸出率可以达到60%~80%，喝茶可以有效地摄取氟。氟元素是人体必需的微量元素，对于骨骼、牙齿有重要作用。但是过量的氟会引起氟斑牙，或氟骨症。氟骨症主要表现为腰腿痛、关节僵硬、骨骼变形，甚至瘫痪。调查表明，我国饮茶导致的氟中毒主要分布在四川、西藏、新疆、内蒙古、甘肃、青海等地区，这些地区饮用粗老的砖茶量较大。解决茶氟中毒的措施除了改变饮茶习惯，减少饮茶量，缩短熬煮茶叶的时间外，最直接的方法还是要从源头上控制。这些措施包括筛选土壤氟含量低的茶区，控制茶树鲜叶的嫩度等。

5）茶叶中的硒主要是有机硒，容易被人体吸收。硒是人体内最重要的抗氧化酶——谷胱甘肽过氧化物酶的活动中心元素，具有很强的抗氧化能力，具有抗癌、抗衰老，维持人体免疫功能等效果。

6）铝是茶树非必需元素，但是茶树是喜铝和耐铝植物，它在强酸性和酸性土壤中生长良好，铝离子在茶树叶片中大量积累，茶树老叶中铝含量较高。铝对人体有一定的毒害作用。饮用茶叶后，大部分铝会与茶多酚结合，直接排泄出去。在正常的饮茶量下，摄入的微量铝不会影响人体健康。

7）绿茶中的铁含量是在日常食品中含量较高的，但是通常一天的饮茶量只有几克，并且植物中的铁，目前营养学界多认为是非血红素铁，人体的吸收率极低，因此饮茶对于补铁是无效的。

8）茶树与其他植物相比，含铅量处于中等水平。研究表明，茶叶中的铅不溶于茶汤或浸出率极少，可以认为不会被人体摄入，即使浸出在茶汤中，也会和茶多酚结合后排出体外，基本上不会被人体吸收。

（8）维生素的健康功效　维生素一般可分为脂溶性、水溶性两大类。茶叶中含有丰富的维生素，但是因为脂溶性的维生素不能溶于茶汤，所以无法被人体吸收。水溶性的维生素，在茶叶中含量较高，饮茶可以起到一定的补充维生素作用，但通常日常饮茶量只有几克，所以喝茶很难成为人体补充维生素的主要来源。若要使茶汤中的维生素不被破坏，泡茶水温不可过高，泡茶时间不宜过长。

4. 不同茶类的特性及其养生作用

中药性味包括四气、五味、归经、升降沉浮等内容。四气指寒、凉、温、热四个属性；五味即酸苦甘辛咸五种滋味；归经是指中药在人体脏腑、经络作用的靶向性；升降沉浮是指药物作用于人体的四种趋向。四气五味不仅是人体感受的描述，更重要的是药物作用于人体所产生效应特征的总结。

参照中药理论，茶的性味也可以进行相应的描述。根据典籍记载，茶（历史上以绿茶为主）的性味可以概括为：性寒，味苦甘，归肺、胃、大肠、膀胱、心经，作用以沉降为主，兼有升浮，无毒。中国工程院院士张伯礼认为茶的性味与成分关系中，主要性味应该是与含量高的成分有关。绿茶、黄茶、黑茶中的茶多酚含量最高；乌龙茶、红茶中茶黄素、茶红素含量最高，茶多酚含量较高。通过聚类分析，认为寒、苦的性味与茶多酚相关；温的性味与茶黄素、茶红素相关；甜的性味与糖类、氨基酸有关。但是在中医所述的升降特性方面，茶兼有升降两种特性，最终发挥出来的是什么，与茶的用量、泡制、配料有关。如绿茶以沉降为主，但是配上姜，即可变为升。总体来说，绿茶、白茶性寒凉；乌龙茶、黄茶性平和、味苦、微甘，均有清热生津、提神醒脑、抗氧化等作用；红茶、黑茶偏温不寒，味苦、降浊，有一定的调节血脂、抗动脉硬化等作用。

目前，市场上出现了越来越多的茶多酚、茶氨酸等茶叶成分提取物加工的食品、保健食品，顾客有多样的选择，那么是否还需要喝茶呢？据营养学家蔡东联研究，饮茶摄入综合物质，比单纯摄入茶叶的提取物功效更好。蔡东联建议茶叶冲泡3次，有益物质基本上都浸出了，即可更换茶叶。否则，多次浸泡反而会让一些无益物质浸出，可能影响健康。此外，贫血患者也可以饮茶，不会影响人体吸收铁、钙，因为茶中的一些物质在身体内的化学反应会促进铁和钙的吸收。

通过喝茶来获得一定的健康功效，需要一个前提，那就是所饮用的是质量良好的茶叶。无论其市场价格昂贵或低廉，都要具备该类茶应有的品质特征。关于各类茶叶的品质特征见项目2中的相关内容，以下介绍一下各类茶叶的功效。

1）绿茶具有一定的抗氧化、抗衰老、降血压、降脂减肥、防癌、抗菌消炎的作用。因绿茶性寒凉，若虚寒及血弱者久饮之，则脾胃更寒，元气受损，故绿茶不适合胃弱者和寒性体质人群饮用。

2）红茶性温热，可驱寒暖身，对脾胃虚弱、胃病患者较为适宜。红茶还具有一定的抗氧化、保护心血管的功能。

3）黄茶性味清寒，和绿茶一样具有辅助预防癌症效果，还可以提神、助消化、化痰止咳。

4）白茶性味寒凉，具有独特的杀菌和消炎功效，以及一定的延缓皮肤衰老和护肤美容、提神消疲、增强机体免疫力、降血脂和血糖作用。

5）乌龙茶性温不寒，适合饮用的人群较广，具有一定的减肥、抗氧化、降血脂、降血糖、降血压等功效。

6）黑茶经微生物发酵后，其所含有的生理活性物质也发生了很大的变化。微生物代谢产生大量的有机酸，有利于调节人体的肠胃功能，黑茶具有较显著的降脂减肥、抗氧化及防癌、抑菌护齿作用。

7）茉莉花茶茶性温带寒，具有疏肝解郁、理气调经、刺激神经、提高胃肠道功能、助消化作用，还可以镇定、调理神经系统。

3.1.3 不同季节饮茶特点

茶的性味不同，一年四季温度湿度不同，人们在四季的口味与体感也不同，这些差异必然带来四季不同的饮茶特点。

1. 春夏季饮茶

春夏季的新绿茶喝起来最是清新和畅，令人神清气爽。这里说春夏季宜喝绿茶，不仅因为味道好，还因为茶性相宜。春季阳气上升，人体也与自然界一样阳气上升。夏季暑热重，人们往往心情烦躁。而茶有清热消暑的功效，正适合这样的季节。在诸多茶品中，绿茶性寒，清热消暑的功效尤其明显。夏季，人出汗多，常有口干的感觉，绿茶味苦，喝了以后口舌生津，是最佳的解渴饮品。

早春时节，气候寒冷，新茶未采，浓强鲜的红茶及厚重的乌龙茶比较适合。

仲春、暮春时节，春茶陆续上市。鲜爽的绿茶滋味也正符合这个季节人们的口感，茶汤茶叶的色泽也符合这个季节的审美，一切都是春天清新的风味。春季宜饮淡茶，春茶中茶多酚的含量较高，饮茶过浓会损伤人的味觉。

进入五月，很多地方的红茶开始生产。但无论是口味还是茶汤的颜色，红茶都不太适合这个时期饮用。人们习惯上会觉得在夏季喝红茶有些热。

清苦的茉莉花茶很适合夏季饮用。中医传统的养生观点，人的味觉在夏季时是偏爱苦味的。白茶中的白毫银针，茶汤清亮，口感清甜，适合炎热的夏季。黄茶性味与绿茶相近，也是适合夏季饮用的。

2. 秋冬季饮茶

秋季天气转凉，而且干燥，秋冬季节的饮食以温热为佳。白茶中的白牡丹和贡眉的口感更温暖，色泽上也与季节贴合。乌龙茶，不寒不热，有润肤、润喉、生津、清除体内积热的作用。

冬天气温低，寒气重，人体生理机能减退，阳气渐弱，对能量与营养的需求较高。中医认为：“时届寒冬，万物生机闭藏，人的机体生理活动处于抑制状态。养生之道，贵乎御寒保暖。”红茶和熟普、黑茶都是比较温和的，也都适合热饮。红茶在饮用时可以做奶茶，也可以加蜂蜜调味；普洱在泡茶时可以加红枣、陈皮、柚子皮等调味。

花茶在秋冬季也是很好的饮品。从品种上来说，茉莉花茶会显得清寒一些，而桂花茶的甜香则很适合寒冷的冬季。从茶品来说，桂花的甜香更适合与红茶搭配，二者相得益彰，也可以与乌龙茶搭配，乌龙茶中的凤凰单丛本来就芳香馥郁，搭配桂花更显得温暖。其他的如蜡梅、菊花也很适合，蜡梅与绿茶、红茶、乌龙都可以搭配，菊花在冬季更适合搭配熟普。

技能训练 根据季节推荐合适的茶饮

训练步骤

1）指导老师给学员讲解或复习中医体质基本知识，季节与饮茶关系。

2）学员根据中华中医药学会发布的《中医体质分类与判定》（ZYYXH/T157—2009），尝试判断自己的体质类型，并规划不同季节适合的茶饮。

3）指导老师检查学员表格，针对某种体质，如有推荐的季节茶饮存在不适当的情况，则进行修正。

4）学员之间相互找出适合对方体质的茶饮，至少给 3 个人分析体质，并给出季节饮茶建议，然后对照上一轮练习每个学员给自己做的建议，对异同之处进行讨论。

5）指导老师总结，记录在表 3-2 中。

表 3-2 不同体质适合茶饮记录

姓名		日期		
自测体质类型				
自荐季节茶饮	春季	夏季	秋季	冬季
茶类				
本地易购品种				
指导老师意见				
学员练习 1	春季	夏季	秋季	冬季
茶类				
本地易购品种				
学员练习 2	春季	夏季	秋季	冬季
茶类				
本地易购品种				
学员练习 3	春季	夏季	秋季	冬季
茶类				
本地易购品种				
指导老师点评				
分数				

注：本表格在使用中可以按照实际需要加大间距或尺寸，以方便学员填写文字。

（培训机构： 指导老师： ）

3.2 商品销售

3.2.1 顾客离席后的工作

顾客离席后，茶艺服务人员应收拾清理台面、桌椅，按原位置摆放整齐，保持营业场所的整洁，以便接待下一批顾客。顾客起身离开时，服务人员应礼貌提醒顾客检查随身物品有无遗漏，并帮顾客取回代为保管的物品，送交顾客手中。茶艺服务人员应送顾客至厅堂门口，礼貌道别，欢迎顾客下次光临。送别时，除了恰当的语言，还要配合适当的手势、鞠躬礼节，微笑目送顾客离开。

1）顾客尚未离开前，不能以各种借口收拾撤台。顾客起身离开后，茶艺服务人员应及时检查桌面、地面有无顾客遗留物品。如果发现，及时送还顾客。

2）收拾用过的茶具、食碟及桌面垃圾，将垃圾按照分类标准分别收拾清理，按照店面的要求重新布置台面、摆放茶具。

3）检查茶水柜、服务台，及时补充茶叶、茶具、餐巾等所需用品。

4）将茶具、杯碟等送至清洗间，按照要求清洗、消毒，按照规定存放。

5）及时将顾客存茶贴上标签，交回吧台保管。

6）当日营业结束前，经理负责检查店面的收尾工作，并集合当班工作人员召开短会，做当日工作总结。

3.2.2 结账、记账基本程序

在茶叶、茶具、相关茶产品及茶艺服务的销售活动中，计算消费额应准确、及时。目前市场上常见的结算有传统结算和电子结算两种方式。传统结算方式主要有现金和刷卡结算。电子结算方式主要有微信收款、支付宝收款和电商平台收款。

1. 现金支付

辨别真伪钞是门店销售人员的必备技能。识别伪钞可通过感观鉴别、仪器鉴别及感观加仪器综合鉴别。验钞机是茶馆的必备工具。

2. 银行转账结算

是指各单位发生的款项往来，不用现金结算，而是通过银行将款项从付款人账户划转到收款人账户的货币收付行为。银行转账结算较现金结算更加安全、迅速。最常遇到的银行转账结算方式是支票和信用卡。

3. 电子支付

目前，电子支付使用较多的是网上支付和移动支付。

网上支付是指通过互联网进行货币支付、现金流转、资金清算等行为，通常仍须以银行为中介。电商平台支付就是网上支付。

移动支付是指依托移动互联网或专用网络，通过移动终端（通常是手机）实现收付款方之间货币资金转移的支付服务，包括但不限于近场支付和远程支付等业务。微信支付、支付宝支付属于移动支付。

4. 结账服务

结账要求准确无误，快速礼貌。如顾客亲自到吧台结账，服务人员应陪同前往，如由服务人员代为结账，需要看清收付钱款，以免发生纠纷。

1）结账人员要检查账单的台号、人数、总消费项目与金额总数是否正确，不漏结、错结。

2）听到顾客需结账时，应主动上前询问现金、手机（微信、支付宝）支付还是刷卡支付，告知吧台结账方式后将电脑账单递于顾客面前，并告知金额。

3）如顾客用现金结账，应当着顾客的面将钱点清并告知已收金额。将所收现金连同账单一起交由吧台人员结算。将找回的零钱连同发票盛放于账单夹内，立于右侧递给顾客，并在顾客确定所找钱数正确后，礼貌地感谢顾客。

4）若顾客使用手机（微信、支付宝）支付，可陪同顾客至吧台，扫二维码支付，或将二维码送至顾客面前，在桌边完成扫码支付。支付结果核实后，将付款小票及发票一同递于顾客面前。顾客输入密码时，服务人员应自动回避，距顾客1米距离。

5）协议单位结账时，服务员应先咨询吧台人员，顾客是否为有效签单人。如可以，服务员将账单给顾客签字后，交由吧台人员结账，如不是有效签单人，或不可挂账单位则需现付。

6）顾客使用信用卡结账时，将顾客所持的信用卡先进行核卡，检查信用卡是否有效，然后连同账单一起交给收银员进行结算。服务员将签购单重新交给顾客，由顾客在签购单上签字，收银员审核签字是否与信用卡上的签字相符。结束后将账单第二联及信用卡收据另外三联送回给收银员处。

7）顾客在结账时如对结账金额有异议，应马上与顾客一同迅速核查所上的茶品、茶食和其他收费项目，如果因工作失误造成差错，员工应立即表示歉意，并及时修改账单，如果因顾客不熟悉收费标准或算错账目，则应小声向顾客解释，态度要诚恳，语言友善，不使顾客感到尴尬或难堪。

8）如果顾客结账完毕并未马上离开餐厅而继续交谈，服务员应继续提供服务，为顾客添加茶水，及时清理台面。

3.2.3 茶叶销售基本知识

美国销售学家杰·亚伯拉罕总结说，销售的关键就是信任，信任是客户购买你的产品和服务的唯一理由，也是客户购买你的产品和服务的充分必要条件。因此，茶艺师如何赢得顾客的信任成了销售成败的关键。

1. 顾客类型

在销售之前，首先要认清顾客的构成，才能根据不同类型、层次顾客的要求来推荐茶品。

（1）VIP 顾客　对 VIP 顾客的接待服务是高水准茶艺服务的体现。茶艺人员要了解 VIP 顾客对茶品的要求与喜好。

（2）特殊顾客　主要指年老体弱，或有特殊要求的顾客。这部分顾客对茶品的要求往往不同于大多数顾客，或者对茶品的需求表达不清楚。服务员要耐心地帮助顾客解读茶单帮助点茶。

（3）普通顾客　这部分人是茶馆顾客的主体，消费能力一般，但对于茶馆的营收比较重要。普通顾客中，年轻顾客的消费品位偏于时尚流行；中老年顾客的消费能力稍强一些，对于茶品消费大多是基于多年养成的品饮习惯；江浙地区顾客通常对茶叶的外形与色泽比较重视；精通茶艺的顾客多讲究茶叶的产地、品种、年份等。

2. 茶馆产品宣传

茶馆的产品是一个整体，所有的产品都需要推广，也只有经历了合适的推广，才能知道哪些是真正的人气产品，才不会因为推介不够而埋没一些品质优异的产品。产品的推广宗旨是让顾客了解产品的各种优点，并进而产生消费的欲望。以下是茶馆常见的宣传方式。

（1）茶馆的宣传册　宣传册并不一定要直接介绍产品，它可以从多个角度来让顾客了解产品，这些角度有的是直接的，有的是间接的，有些甚至在宣传册上着重介绍的是与产品没有直接关系的内容。茶馆的宣传册可以分为以下几种。

1）以茶文化为主题。茶文化是茶馆赖以生存的文化背景。大部分顾客对茶文化不太了解，不了解就不会热爱，不热爱也就不会成为茶馆的忠实顾客，因此，让顾客了解茶文化是培养其忠诚度的重要途径，是产品推广的第一步。茶文化的内容非常丰富，不可能向顾客介绍茶文化的全部，要根据自身的定位有所侧重。一般来说，以休闲为主要风格的茶馆要突出茶文化中修身养性的部分，突出茶文化的风雅与品位，可以把前人格调高雅的茶诗或是茶人逸事作为小册子的内容。以茶艺为主要内容的茶馆应该突出茶的历史、泡茶方法及茶叶知识等内容。

2）以茶疗为主题。对于带有养生内容的茶馆来说要突出茶的养生功效，挑选其中简明易懂且易行的内容制作成小册子，但要实事求是，不可过分夸大渲染。

3）以与茶有关的时尚为主题。在现代都市里，茶依然是时尚的一部分。时尚饮茶讲究饮茶的情调、茶具的配置、饮茶的科学等。追求格调的茶馆基本上以时尚而有品味的服务为主，每一阶段有关茶的时尚、流行话题都可以作为茶馆宣传册的主要内容，其中有关美容、健康与情调的话题更为合适。

（2）制作店堂内的软文广告　茶馆店堂里的软文广告以科普文的形式为好。硬广告会引起顾客的反感，而从科普的角度介绍茶叶与茶艺，更容易被人接受。科普文主要包括以下内容。

1）产地介绍。一般顾客都知道“好山好水出好茶”，那么对于产地就应该从产茶地的自然环境来介绍。

2）茶的功效。茶的功效基本是从中国传统医学的角度来谈的，这些内容在中国乃至东亚地区深入人心，可以择其易懂部分向顾客宣传。

3）茶类知识。中国茶的品类繁多，许多茶虽然品质优异，但地方性太强，缺少普遍的影响力。因此，茶馆可以结合自身经营情况进行茶类介绍，如卖红茶的可以就红茶的品类进行介绍，卖龙井茶的可对龙井茶的品种与产地知识进行介绍，这样顾客了解了茶的知识，同时也推荐了茶馆的产品。

软文广告首先要形式生动，不要有说教味，也不可有太浓的广告味，有些茶馆将软文广告与茶馆菜单合而为一。为方便顾客选择，首先，在版面设计上应当色彩明快，表达简洁，还可以配上适当的漫画；其次，内容要科学客观，用正确的知识引导顾客，以增强顾客对茶馆的信心；最后，内容上要尽量全面，照顾到茶馆产品的方方面面。

（3）用主题活动推介茶馆产品　茶馆在开业之后的经营活动中，会经常举办一些活动，有些是公益性的，与茶馆的形象有关；有些是主题性的，与茶馆的经营定位有关。这两者都可借机推介茶馆的产品，而主题活动与茶馆的产品联系更密切些。

茶馆的主题活动内容非常丰富，不一定都与茶有关，但都一定与茶馆的文化定位有关。在这些主题活动中，一定要把茶馆的产品放在一个合适的位置，以期对顾客产生潜移默化的影响。最常用的方法就是把茶馆的产品作为活动的招待品，比如来宾面前的茶与茶食，来宾所用的午餐、晚餐等。另外，茶馆所生产的茶食有些还可以包装好送给顾客作为纪念品。

举办研讨会也是一种主题活动。茶馆比一般的经营场所文化氛围浓厚，要让顾客对茶馆产品有一个深刻的认识，可以就茶馆的产品举办研讨活动，同时借助媒体的力量进行宣传。比如，某茶馆新推出红楼点心，便可以就此举行一次红楼点心研讨会。新推出一系列的茶餐、茶肴，也可以就此举行“茶在饮食中的应用”之类的研讨会，请相关专家学者来共同探讨茶馆饮食的发展，并将研讨会的相关信息在有关媒体上发布，以引起人们对于茶馆产品的注意。

新品推出时可以举办免费品尝活动。这个方法茶馆经常采用，是推广宣传的好方法，同时也可顺带征集顾客对这些产品的意见。

3. 茶叶陈列与展示

茶馆主推的茶叶需要在茶馆最醒目的位置展示，这样的位置可以是货架上 1.5~1.6 米高度的位置，也可以是宣传牌的中间位置。

1）应时的茶品要放在显眼的位置。茶馆每个时间段都会有主茶品，有按季节推的，如春季推绿茶，夏秋季推白茶与乌龙，秋冬季推乌龙茶、红茶与普洱茶等；有按时尚指向推的，比如黄金芽、古树茶流行时，要放在重点展示位置和重点推荐。

2）常销的茶品要摆放在合适的位置。常销茶品在茶馆的顾客中已有一定的认可度，不太会受流行与宣传的影响，所以并不太需要占据货架与宣传牌的核心位置。但如果放置得太过偏僻，进不了顾客的视线，就会逐渐失去顾客的关注。所以，基本还是应该出现在顾客目光扫视的范围以内。

3）茶品的出样。除了货架展示以外，茶馆还需要将一些茶品出样，便于顾客选择，或者用于烘托茶馆的氛围。绿茶不太适合暴露在光线与空气中，因为会很快变质，所以绿茶如果出样的话，时间不可太长，以免顾客因看到变质的茶而误会该款茶的品质。与绿茶相似的还有清香型的铁观音、台湾乌龙、黄芽茶等。红茶、乌龙茶暴露在光线与空气中不会像绿茶那样迅速变质，但如果时间太长，还是会有色香味上的变化。黑茶本身适合暴露在空气中自然存放，出样不会有太大的变化。所有的茶叶在陈列时都要尽可能避免强光照射，照向茶叶的光线宜用冷光源，照向红茶、乌龙茶与普洱茶的光色要偏暖色调；照向绿茶、黄茶、白茶的光线要偏冷色调，这样茶色看起来会显得新鲜。

4. 引导顾客选茶

1）提出购买商品的合理建议。顾客买茶要么作为礼品馈赠亲朋，要么家庭日常饮用，茶艺师在介绍商品时可以围绕这两方面进行。作为礼品，就要注重外包装是否精美，家庭饮用则更看重商品是否经济实惠。礼品茶是馈赠亲朋之用，要和顾客多沟通接受礼物的亲朋的基本情况，以及对茶品的喜好来推荐相应商品。家庭饮用可以根据季节、家庭成员等情况进行推荐。一般春饮花茶；夏饮绿茶、白茶；秋饮乌龙茶；冬饮红茶、黑茶。女士推荐花茶、绿茶+花草茶、红茶，男士建议普洱茶、乌龙茶。对商品进行说明时，要注意调动顾客的情绪，语言流利，避免口头禅或含糊不清的语言，轻则让顾客认为服务人员对商品不熟悉，重则认为不诚实。顾客对所购买商品的价格比较关心，可以多取几款顾客能接受的价位的茶叶供其选择。

2）向顾客介绍不超过 3 个与商品有关的、最重要的且能满足顾客需求的优点和益处。顾客一般不会记住超过 3 条的商品优点和益处。商品陈述需要遵循注意力、兴趣、渴望及行动的原则，确保解决方案和商品益处与顾客需求之间的精确匹配。茶艺师可以充分调动自身的形体语言，如微笑等，使销售陈述变得生动有趣。通过提问、商品展示、商品试饮等方法激发顾客参与进来，减少顾客对购买的不确定性和抵触情绪。

3）引导顾客获得品饮体验。茶通过品饮才能得到直观感受，在合适的环境下，及时引导顾客进入体验环节，调动顾客的主动参与意识。品饮过程既是顾客直接了解商品的过程，也是茶艺师近距离和顾客进一步沟通的好时机，在轻松的氛围中更容易建立彼此的信任。茶艺师应充分利用品饮体验环节，把商品信息完整传达，进而达成销售。事实上客户的终极需求既不是产品，也不是服务，而是解决方案。如果茶艺师不仅能找出客户需要什么，即一件商品、一种服务或一个体验等，还能找出顾客需要这些的原因，那么将大大提高销售成功的概率。

3.2.4 茶具销售基本知识

1. 茶具选购与顾客身份

茶艺服务人员在对商品进行介绍推荐时，应了解顾客心理状态的变化，先要成功引起顾客的注意，在介绍中培养起顾客的兴趣，增强顾客的购买欲望，最终争取达成交易。顾客在与茶艺服务人员的接触中，服务人员的态度及可信程度很重要。不同年龄、性别、职业、阅历、个性、民族、受教育程度等决定了每个人在购买商品过程中有着不同的心理，茶艺服务人员在为顾客介绍推荐商品时，要注意对方的角色定位，争取实现真正的双向有效沟通。

1）不同年龄顾客对茶具的选择标准是不一样的。推荐给青年人的茶具要求使用简便。很多人只是在工作时饮茶，盖杯、飘逸杯、快客杯是比较方便的，其他各种保温杯的使用也比较多。推荐给中老年人的茶具要求有一定的品质感。这个年龄段的人有一定消费能力，相对也有较多的闲暇，有品质的茶具是他们品茶时的欣赏对象。

2）不同性别的顾客喜欢的茶具也不同。女性通常会喜欢精美、雅致、贵重的茶具，男性通常会喜欢简约、厚重、使用感好的茶具。女性茶具的色彩偏轻柔淡雅，男性茶具的色彩偏深沉一些。

3）不同职业的顾客对茶具的品质要求不同。从事艺术工作的顾客会重视茶具的艺术感，经济比较宽裕的人士更重视茶具的品质感，这两部分人群对名家名师的作品有较大的认同。普通大众对中档品质的茶具有较好的消费能力和接受度，初学者通常对套装茶具有需求。

2. 茶具展示方法

茶艺服务人员将茶具展现或演示给顾客，以便顾客对商品的性能、特点进一步了解和鉴别，提高顾客购买的兴趣，从而促进销售的达成。具体展示时有分类展示、组合展示与应用演示等 3 种方法。

1）分类展示是将茶具按类别展示。茶壶放在一个区域，盖碗放在一个区域，茶杯放在一个区域，在各自的展示区里，这些茶具都是主角，需要有适合的灯光照在上面，以表现茶具的质感与色彩。分类展示要求茶馆对店里经营的茶具建立自己的分类体系，比如按材质分、按功能分、按大师作品分等。

2）组合展示是将茶具在展示区布置成一个个的场景。这种方法使客户一看就明白这些茶具适合的搭配方式，以及在家中茶桌上的摆放方式。

3）应用演示是茶艺师向顾客演示这些茶具的使用方法。这样的演示大多数是茶艺师事先设计好的，最好结合店里所售的茶品来演示。比如，用琉璃杯来演示红茶、乌龙茶等茶汤红亮的茶品；用影青杯来演示绿茶、铁观音等茶汤青绿的茶品；用紫砂壶来演示冲泡乌龙茶时，使顾客明白茶具与茶的关系。

通过设计展示的方法，加强顾客的参与性，使顾客看得清、摸得到、了解得清晰透彻，服务人员应边操作边介绍边回答顾客提出的问题，引起顾客对商品的兴趣。例如，在展示茶具时，可以让顾客亲自把玩体验，感受茶具的细腻精致和良好的手感。

无论哪种方法，茶具的展示都应该有美感、艺术性，展示时要突出茶具的特点。例如：针对薄胎的瓷杯，应该用较强的射灯照在杯内，使杯体显得玲珑剔透；针对紫砂壶，则应用稍柔和的灯光照在上面，更显紫砂壶的温润。可以根据展示空间的大小，在茶具的周围放上雅致的微型盆栽，或者放一些体积较小的人造宝石，来衬托茶具的品质。

3. 茶具定价方法

茶具的定价与销售息息相关。定价方法有成本导向定价法、认知价值定价法、反向定价法、撇脂定价法、渗透定价法、满意定价法等。

1）成本导向定价法，是茶馆定价首先需要考虑的方法。这里的成本除了茶具的进价外，还包括茶馆经营过程中所发生的茶具耗费，客观上要求通过商品的销售而得到补偿，并且要获得大于其支出的收入，超出的部分表现为利润。用这种方法定价时，茶馆对自身产品应该有一个预期利润率，以产品单位成本为基本依据，再加上预期利润，就得出了茶具的价格。这种方法简化了定价工作，便于企业开展经济核算。若一个地区的茶馆都使用这种定价方法，大家的价格就会趋于相似，因而价格竞争就会减到最少。用这种方法制订出来的价格对买方和卖方来说都比较公平，卖方能得到正常利润，买方也会觉得物有所值。即使不用这种方法定价，也可把用此法制订的价格作为参考价格。

2）认知价值定价法，是利用产品在顾客心目中的价值，也就是顾客心中对价值的理解程度来确定产品价格水平的一种方法。顾客对商品价值的认知和理解程度不同，会形成不同的定价上限，如果价格刚好定在这个限度内，那么顾客既能顺利购买，茶馆也将获得合理利润。由于专业原因，顾客对茶具的价值认知往往处于信息不对称的弱势一方，他们对部分茶具的价格认知是高于实际价值的，有的则是低于实际价值的。

3）反向定价法，是指企业依据顾客能够接受的最终销售价格，计算经营成本和利润后，逆向推算出产品的批发价和零售价。这种定价方法不以实际成本为主要依据，而是以市场需求为定价出发点，力求使价格为顾客所接受。

4）撇脂定价法，是指在产品生命周期的最初阶段，把产品的价格定得较高，以获取最大利润。撇脂定价的条件：市场有足够的购买者，他们的需求缺乏弹性，即使把价格定得很高，市场需求也不会大量减少；即使需求减少，但不致抵消高价所带来的利润；在高价情况下，仍然独家经营，别无竞争者。高价有时会使人们产生这种产品是高档产品的印象。

5）渗透定价法，是指茶馆将新品茶具的价格定得相对较低，以吸引大量顾客，提高市场占有率。渗透定价的条件：市场需求对价格极为敏感，低价会刺激市场需求迅速增长；茶馆的经营费用会随着生产经营经验的增加而下降；低价不会引起实际和潜在的竞争。

6）满意定价法，是一种介于撇脂定价法和渗透定价法之间的方法。其所定的价格比撇脂价格低，而比渗透价格要高，是一种中间价格。这种定价策略由于能使经营者和顾客都比较满意而得名，有时它又被称为“君子价格”或“温和价格”。

3.2.5 茶叶、茶具包装知识

1. 茶叶包装材料

茶叶是供人们饮用的一种食品，在流通过程中需要进行包装后销售，茶叶的包装物应符合《茶叶包装通则》（GH/T 1070—2011）。茶叶的包装是用于保护茶叶品质的容器，按用途分为运输包装和销售包装两种。

运输包装中用于外包装的有胶合板箱、瓦楞纸箱、牛皮纸箱、塑料编织袋、篾篓。运输包装中的内包装材料有铝箔/牛皮纸和牛皮纸、聚乙烯和聚丙烯袋，内层材料宜为聚乙烯的镀铝（铝箔）复合袋，紧压茶的内包装材料应选用牛皮纸、白光纸、无光黄纸。

茶叶销售包装的容器应外观平整、无皱纹、封口良好，不得有异味、裂纹和复合层分离。各种铝、铁、锡、玻璃、陶、瓷罐内壁应光滑，清洁卫生指标符合相关规定。各种盒、罐内应有内衬的食品包装。纸袋采用食品包装纸或牛皮纸制作，用无毒、无味黏合剂制作；塑料袋宜采用聚乙烯吹塑薄膜制作；复合袋用聚丙烯/聚乙烯、聚酯/聚乙烯、尼龙/聚乙烯的薄膜复合制作，或中间复合铝箔；滤袋采用非热封型或热封型茶叶滤纸制作。盒类包装物中的纸盒采用白纸板制作，木盒采用无气味的木板制作，竹盒采用无气味的竹片制作。罐类包装物的纸罐采用牛皮纸板卷制而成，塑料罐宜采用聚乙烯或聚丙烯树脂注塑制作，铝罐宜采用金属铝带卷制（或冲压）制作，铁罐宜采用镀锌或锌锡的马口铁皮卷制，锡罐宜采用金属锡熔铸而成，陶罐、瓷罐、玻璃罐宜采用高温烧制的。

2. 茶叶包装要求

茶馆里的茶叶包装主要是对大包的茶叶进行分装，规格有500克装、250克装、100克装、50克装、10克装、5克装等。分装茶叶的小包装材料要干燥、洁净，不得有异味，要求防潮、避光、密封、不透气、防异味和抗压等。保存茶叶的容器以锡瓶、瓷坛、有色玻璃瓶为最佳。其次宜用铁听、木盒、竹盒等，其中竹盒不宜在干燥的北方使用。

茶叶的吸湿性很强，环境湿度高，会使茶叶的含水量发生变化，因此包装时要求保持环境干燥，阴雨天不适合进行包装。可以采用除湿机等吸湿设备降低包装车间的湿度，或者包装机械工作时整机封闭，使得茶叶的整个包装过程在相对密闭、干燥的环境中进行，避免茶叶吸收水分，还可防止茶叶香气物质的散发。操作过程中缩短包装时间，缩短茶叶与空气接触时间，做到随时开茶箱取茶，随时包装，快速包装。

茶叶容易吸收各种异味，因此包装茶叶的空间要保持空气洁净，不可以有烟味、化妆品味及食品的气味。

茶叶干燥易碎，在包装时要注意，绿茶、岩茶、广东乌龙等都不可以挤压，不可以抽真空，以免压碎茶叶而影响品质。绿茶、黄茶需要密封，铁观音及台湾乌龙需要抽真空包装。

3. 茶具包装

泡茶器具的包装分为外层包装和内层包装两个部分。外层包装有手提袋、不易变形的硬质包装纸盒、木盒、金属盒罐等。内层包装为软包装，主要起缓冲作用，减少外部冲击力对易碎茶具的影响，多用气泡袋、珍珠棉、气泡垫、软质纸或发泡性聚苯乙烯等，需要紧紧缠绕在易碎茶具四周并且缠绕多层。

需要由快递寄送的商品，还要在软包装后的物品与外包装间用一些泡沫填充，使物品不易在外包装箱中活动，同时在外箱醒目位置标记“易碎品”字样。例如：茶叶用礼品盒装好再装箱；玻璃器皿、茶壶茶杯等易碎品，可以用气泡袋等软包装物把每个瓶子都包扎好，装箱时每只瓶子之间用纸板隔开，再把空隙填充紧实。

3.2.6 售后服务

售后服务，顾名思义就是在商品出售以后所提供的各种服务活动。作为日用消费品的茶叶，其售后服务除了必要的退换货外，要着眼于巩固顾客。茶叶的销售场所大多环境清幽、气氛和谐，顾客购买商品后，要继续积极主动关心顾客，为顾客提供安静优雅的环境、周到的服务，使客户融消费于文化享受之中，这是建立稳定顾客群的最佳方式。

1. 提醒顾客商品的使用方法

（1）正确的冲泡方法　经常会遇到顾客有意无意间说，店里泡的茶比家里的好喝，是不是茶被调换了。其实不然，最主要是顾客没有掌握正确的冲泡方法。茶叶品种繁多，每款茶都有自己的冲泡特点。泡茶时投茶量、水温、浸泡时间对茶汤滋味影响很大，茶艺师在商品成交后，一定要把商品的正确冲泡方法与注意事项，细细地向顾客讲解一次。如有必要，要以文字形式说明，更重要的是留下销售电话，方便顾客咨询。

（2）妥善的保存方法　茶叶因加工方法不同形成不同的产品特色，需要冷冻保存的茶品要特别交代，如绿茶、清香型铁观音等，同时要避开冰箱中的异杂味。大部分茶品要干燥、通风、防潮、避光、厌氧保存。

2. 代客存茶与保养茶具

顾客购买茶叶后，因为自己家中没有地方，或没有合适的存茶条件，茶馆可以为他们提供存茶服务。将顾客所购茶叶贴上姓名、茶名及购茶日期，放在合适的环境中储存，当顾客有需要时再取出。如果茶馆条件许可，最好用一个专门的冰柜或储藏室来保存。茶叶存放超过 1 个月时，茶馆要提醒顾客来取用，避免因为长期存放而降低品质。

有些顾客对茶具的保养知识不了解，或者没有时间来保养茶具，茶馆可以为这部分顾客提供相关的服务。如果是金银茶具，需要有专门的擦布来擦拭。金银虽不容易被氧化，但放置时间长了，还是会失去原来的光泽，可以放在密封罩里保存；锡茶具存放时很容易因为氧化而变黑，所以也需要经常擦拭；开片瓷器茶具在保养时要经常用茶水浸泡，然后用清水冲洗干净，再用软布擦干，浸泡的茶水不可以用别人饮用剩下来的，要专门泡茶来浸泡；紫砂茶壶需要每天用热茶水冲一遍，然后用软布擦干，不可为了加快养壶的速度而用有油的手来擦，更不可用其他的上光剂来擦拭。

3. 顾客的维护

（1）建立顾客档案　茶艺师也是企业的信息反馈员，通过收集顾客资料，建立顾客档案，巩固老顾客发展新顾客。在收集顾客资料过程中，茶艺师可以找到更多的话题与顾客沟通，从而拉近距离，成为顾客的朋友，超越单纯的买卖关系。顾客资料通常包括基本资料和特征方面的资料。基本资料如顾客的姓名、住址、性别、年龄、学历、联系方式、家庭状况、顾客目前的职业、职业变动、个人兴趣喜好、经济状况、商品购买情况等，可以通过办理会员进行登记。这些资料需要茶艺师在第一次与顾客接触时就开始记录，当然有许多顾客在刚开始并不喜欢被过多地问及私人问题，因此顾客资料的健全需要一个过程，茶艺师要养成善于观察、勤于记录的好习惯。有时顾客的感动就在一瞬间，把顾客培养成朋友时，往往会成为忠实顾客。客户特征方面的资料主要指其所处区域的文化、习俗、发展潜力等。

（2）亲送顾客　无论是已购买或是没购买商品的顾客，都要表示真诚的谢意！先检查顾客是否有遗留物品，再进行茶具、货架的收拾整理。送客是最后的服务机会，给顾客留下一个好印象，有助于顾客的重复购买或以后购买。迎客时，说声：“您好，欢迎光临！”送客时，说声：“请走好，欢迎下次再来！”看似简单的礼貌语，却是对顾客的尊重。茶艺师每天接待的顾客比较多，更有必要说好这些礼貌用语。从顾客进店到最后离开，茶艺师热情的接待、贴心的服务会不断累积，给顾客留下美好的印象，而超值的服务感受更是维系顾客的有效方法。例如，在寒冷的冬季，递给进店顾客一杯热茶；或在顾客离去时，不但将顾客送到门外，而且亲自为顾客叫车等，这些看似细微的小事总是能给人带去一丝温暖，让人倍感温暖。

（3）适当回访　销售完成后与顾客进行进一步沟通，及时跟进回访顾客，是巩固关系的重要途径，可以由茶艺师本人完成，也可以由专门的团队进行，或者是二者交错进行。首次回访宜在销售商品后第二天或第三天进行，在电话中主动询问顾客对商品的意见，以及商品的使用情况，同时了解顾客是否还有其他需求。在销售日一周内进行第二次回访，主要是了解商品使用后的效果与感受，是否需要其他帮助。通过和已买茶叶的顾客沟通，确定顾客的满意度，以及询问喜欢的口感等，让顾客有亲近感。在一个月之内进行第三次电话回访，后期的回访可以时间拉长一点，不要对顾客造成太多困扰，把每次回访结果详细记录备查。通过多次回访，新顾客就有可能变为老顾客，俗话说“一回生、二回熟、三回是朋友”，留住老顾客还能反过来对商品的销售等产生更多影响，自然而然与顾客建立长期有效的联系。

在网络平台销售的商品，售后服务的作用更是不容小觑。购物时虽然方便快捷，但无法直观选择，更不能亲自品饮，卖家的售后承诺能为自己赢得信誉。

（4）不定期邀约顾客　有经验的茶艺师都知道销售达成后，并非是与顾客关系的结束，而是与顾客进一步增进感情、增进信任、建立友谊的新起点。通过不定期邀约顾客，随时告诉顾客最新商品动态，方便顾客随时掌握相关商品信息，消除顾客的后顾之忧，还可以起到开拓市场的作用。邀约顾客参加企业组织的活动，能够进一步增进与客户之间的熟悉程度。

茶艺师可以通过打电话、发邮件、送产品资料等方式来告诉顾客商品的最新动态。如果原先销售过程中的工作尚欠火候，那么这个时候就是个很好的补救时机。

（5）处理投诉　如果顾客确实提出了实质性问题，茶艺师要马上为顾客解决，并与顾客达成更多共识，为再次销售做铺垫，但应避免多次打电话向顾客解释、核实一些细节问题，这样很容易引起顾客反感。

有的顾客提出抱怨多半只是为了发泄一下，并不真的需要解决问题，这时只要耐心地当好一个听众就可以了，先道歉再询问，并对顾客表示同情。针对这类顾客所做的售后计划要有新意，并以他们为中心，而不是以产品为中心，同时，还要给他们留下充足的发表意见的时间。

在处理反对意见时，应持积极态度，不要与顾客争辩，快速找出顾客误解和反对意见的真正原因，如遇顾客提及竞争品牌，要从正面阐述自己品牌的优势，讲述竞争品牌不具备的优点，不要随意评议竞争对手，更不应贬低对方，不断观察顾客的反应，不懂或无法处理时应与企业上级领导取得联系，给顾客一个满意的答复。

复习思考题

1. 与顾客沟通时应注意哪些方面？
2. 如何正确表述茶的养生功效？
3. 茶叶中主要的化学成分有哪些？ 有何功效？
4. 简述不同茶类的特性及养生功效。
5. 不同季节饮茶各有什么特点？
6. 顾客离席前后的服务流程是什么？
7. 如何根据顾客类型来宣传茶馆的产品？
8. 简述茶叶陈列与展示的注意事项。

模拟试卷

茶艺师（初级）理论知识试卷

注 意 事 项

1. 本试卷依据 2018 年颁布的《国家职业技能标准　茶艺师》命制，考试时间 90 分钟。
2. 请在试卷的标封处填写姓名、准考证号和所在单位的名称。
3. 请仔细阅读答题要求，在规定的位置填写答案。

	一	二	总分
得　分			

一、单项选择题（每题 1 分，共计 80 分）

1. 茶艺师在仪容方面要遵循两个原则，就是仪容干净整洁和（　　）。

A. 适当修饰　　B. 浓妆艳抹　　C. 奇装异服　　D. 妆容精致

2. 茶艺师端庄、美好、整洁的仪表在接待过程中应使（　　）感到愉悦舒适不违和。

A. 自己　　B. 顾客　　C. 领导　　D. 同伴

3. 茶艺师仪表应与所冲泡的茶叶、茶席、环境、泡茶的过程（　　），展现出茶艺师优雅的容貌、服饰、姿态。

A. 保持距离　　B. 各具风格　　C. 融为一体　　D. 没有关系

4. 依据个人的性格、年龄、身材、爱好、职业等要素来着装，力求反映一个人的个性特征，这是服饰搭配的（　　）。

A. 整体性原则　　B. 三色原则　　C. 多要素原则　　D. 个性化原则

5. 男性茶艺师站姿要稳健，要体现出男性刚强、稳重的阳刚之气，所谓（　　）。

A. 站如松　　B. 站如钟　　C. 站如树　　D. 站如山

6. 茶艺服务人员在服务中要注意“三轻”，即说话轻、走路轻、（　　）。

A. 茶具轻　　B. 操作轻　　C. 身体轻　　D. 口味轻

7. 与顾客谈话时要杜绝“四语”，即不尊重顾客、缺乏耐心、不文明和难为他人的（　　）等，也不能漫不经心、粗言恶语、高声喊叫等。

A. 蔑视语、烦躁语、口头语、顶撞语

B. 蔑视语、烦躁语、悄悄语、顶撞语

C. 蔑视语、推托语、口头语、顶撞语

D. 蔑视语、烦躁语、口头语、粗鄙语

8. 厨师长上对经理负责，下管茶餐厨师、洗碗工，一般设有这一岗位的是（　　）。

A. 小型茶馆　　B. 中型茶馆　　C. 大型茶馆　　D. 所有茶馆

9. 流程设计以茶馆的经营内容与风格为依据，不应当从方便茶馆管理的角度来考虑，应以（　　）为宗旨。

A. 方便参观　　B. 方便操作　　C. 方便领导　　D. 方便顾客

10. 茶艺师按照不同茶品的标准流程为顾客冲泡两次，冲泡结束后，服务员离开茶室，在茶室附近，大约每隔半小时进去为顾客（　　）。

A. 续水　　B. 清理垃圾　　C. 换茶叶　　D. 上茶点

11. 清洁工作应该按程序进行，这需要对保洁人员进行专门的培训，在清洁工具的选择上应该（　　）。

A. 先湿后干　　B. 先干后湿　　C. 全用干布　　D. 全用湿布

12. 悬挂字画是茶馆的传统装饰，日本的茶室有专门悬挂字画的位置，中式茶馆则要根据（　　）来确定字画的位置。

A. 日本茶室的要求　　B. 家常惯例

C. 茶馆的具体布局　　D. 风水

13. 茶具配置主要从两方面来考虑，首先是茶具的实用性，其次是茶具的（　　）。

A. 装饰效果　　B. 价格高低　　C. 设计风格　　D. 工艺品质

14. 绿茶按工艺分炒青、烘青、晒青和蒸青 4 大类，前 3 者指茶叶的干燥工艺，蒸青指茶的（　　）。

A. 杀青工艺　　B. 加热工艺　　C. 干燥工艺　　D. 萎凋工艺

15. 炒青绿茶在干燥中因受到机械或手工的作用力不同，形成长条形、圆珠形、扁平形、针形、螺形等不同的形状，故又分为（　　）等。

A. 长炒青、圆炒青、扁炒青、螺炒青

B. 长炒青、圆炒青、扁炒青、特种炒青

C. 长炒青、圆炒青、扁炒青、针炒青

D. 卷炒青、圆炒青、扁炒青、特种炒青

16. （　　）一般要求条索紧结有锋苗，色泽绿润，内质香气高鲜，汤色绿明，滋味浓而爽口，富收敛性，叶底嫩匀，嫩绿明亮。

A. 扁炒青　　B. 长炒青　　C. 卷炒青　　D. 圆炒青

17. 洞庭碧螺春的产地是（　　）。

A. 洞庭湖　　B. 南昌　　C. 苏州　　D. 宜兴

18. 南京雨花茶产于南京中山陵园和雨花台一带，条索紧直浑圆，外形呈（　　）。

A. 雀舌状　　B. 圆球状　　C. 兰花状　　D. 松针状

19. 大宗烘青绿茶精制后的用途是作为（　　）。

A. 窨花茶的茶坯　　B. 红茶的原料　　C. 青茶的原料　　D. 普洱茶的原料

20. 红茶在初制时鲜叶经萎凋减重（　　）。

A. 20%~35%　　B. 30%~45%　　C. 40%~55%　　D. 50%~65%

21. 转子红碎茶在制作时，萎凋叶在转筒中挤压推进的同时达到轧碎叶子和破坏细胞的目的，国外称（　　）。

A. 传统红碎茶　　B. C. T. C 红碎茶　　C. 洛托凡红碎茶　　D. L. T. P 红碎茶

22. 黄茶初制与绿茶相似，不同之处在于干燥前后增加一道（　　）工序，从而促使多酚类进行部分自动氧化。

A. 提香　　B. 烟熏　　C. 萎凋　　D. 闷黄

23. 黄小茶的鲜叶采摘标准为（　　）。

A. 一芽一二叶　　B. 一芽三四叶　　C. 单芽　　D. 带老梗

24. 下列茶叶属于黄茶的是（　　）。

A. 黄山毛峰　　B. 霍山黄芽　　C. 黄金芽　　D. 金山翠芽

25. 外形毫心肥壮，叶张肥嫩，叶态自然伸展，叶缘垂卷，芽叶连枝，毫心银白，叶色灰绿或铁青色，内质汤色黄亮明净，毫香显，滋味鲜醇，这是对（　　）的描述。

A. 黄茶　　B. 青茶　　C. 白茶　　D. 绿茶

26. 乌龙茶也称为青茶，主产于福建、广东和台湾，福建乌龙茶又分闽南、（　　）两大产区。

A. 武夷山　　B. 桐木关　　C. 闽西　　D. 闽北

27. 铁观音是闽南乌龙茶的代表，其成品茶分为（　　）与浓香型。

A. 清香型　　B. 兰香型　　C. 果香型　　D. 奶香型

28. 永春佛手产于福建省泉州市永春县，采用佛手茶树品种进行扦插繁育、栽培和采摘的鲜叶，按照独特的传统加工工艺制作而成，属于（　　）。

A. 闽北乌龙茶　　B. 闽南乌龙茶　　C. 台湾乌龙茶　　D. 正山小种

29. 潮州潮安县和饶平县是广东乌龙茶的主产区，潮安乌龙茶因主要产区为凤凰乡，生产的产品以水仙品种结合地名而称为（　　）。

A. 凤凰单丛　　B. 岭头单丛　　C. 凤凰水仙　　D. 潮安水仙

30. 台湾乌龙茶主要产于我国台湾的台北、桃园、新竹、苗栗、宜兰等地，产品分（　　）和乌龙。

A. 小种　　B. 梅占　　C. 铁观音　　D. 包种

31. 黑茶要求原料成熟度相对较高，比大宗红茶、绿茶粗老一些，一般而言，黑毛茶一级的嫩度相当于工夫红茶（　　）的嫩度。

A. 三级　　B. 二级　　C. 四级　　D. 五级

32. 湖南散装黑茶又称篓装黑茶，有天尖、贡尖、（　　）3 种。

A. 毛尖　　B. 生尖　　C. 捏尖　　D. 芽尖

33. 紧压黑茶按形状分为砖形和柱形两类，千两茶属于柱形茶，也称（　　）。

A. 花茶　　B. 卷茶　　C. 花卷茶　　D. 花黑茶

34. 黑茶中带有槟榔香气的是（　　）。

A. 茯砖茶　　B. 普洱茶　　C. 安化茶　　D. 六堡茶

35. 再加工茶指以绿茶、红茶、白茶、黄茶、乌龙茶和黑茶的毛茶或精茶为原料进行（　　）以后的产品。

A. 再加工　　B. 萃取　　C. 分解　　D. 拼配

36. 特种茉莉花茶指加工特别精细、采用的原料明显高于特级茶坯，经过（　　）制成的茉莉花茶。

A. 三窨至五窨一提　　B. 五窨至七窨一提

C. 七窨至九窨一提　　D. 九窨至十窨一提

37. 凉茶店多开设在广东、香港和澳门，此类茶店的茶单应以中医理论为基础，主要提供滋补凉茶，并在每款凉茶后附上（　　）。

A. 营养成分　　B. 味道　　C. 功效　　D. 疗效

38. 茶单的主要内容分成两大部分，即茶饮部分和（　　）。

A. 酒水部分　　B. 茶具部分　　C. 调味部分　　D. 茶餐部分

39. 我国茶具种类繁多、形式多样，从器型上来说，主要有 3 大类：壶、盖碗和（　　）。

A. 杯　　B. 水盂　　C. 炉　　D. 茶则

40. 陶土茶具中最著名的是紫砂茶具，从（　　）开始流行，至今不衰。

A. 汉代　　B. 明代　　C. 宋代　　D. 清代

41. 古人对金属茶具褒贬不一，把用金银茶具煮出来的水称为“富贵汤”，把用铜、铁茶具煮出来的水称为（　　）。

A. 大魔汤　　B. 得一汤　　C. 缠口汤　　D. 婴汤

42. 煮水壶主要用来烧开水，古代称（　　）、注子，现在多称水壶。

A. 水瓶　　B. 烧瓶　　C. 火瓶　　D. 汤瓶

43. 盖碗由杯盖、杯身、杯托组成，亦称（　　）。

A. 三才杯　　B. 三茶杯　　C. 三合杯　　D. 天人杯

44. 用于窨制花茶的茶坯主要是（　　）。

A. 烘青　　B. 炒青　　C. 蒸青　　D. 晒青

45. 喝盖碗茶与八宝茶时，要注意身体保持正直，一手托起杯托，另一手（　　），将碗沿送至唇边，动作姿势要端庄大方。

A. 端起杯身　B. 扶住杯盖　C. 放在桌边　D. 放在腿上

46. 投茶量的多少直接关系到茶汤的色香味，投茶量也称为（　　）。

A. 下料量　B. 浓淡度　C. 茶水比　D. 投叶量

47. 冲泡绿茶时，惯用的茶水比为（　　），一些特别的茶叶投茶量会大一些。

A. 1：60　B. 1：30　C. 1：40　D. 1：50

48. 白茶适宜的茶水比一般为（　　），因为白茶不揉也不炒，茶叶表面破损少，内含物质浸出较慢，所以投茶量大一些滋味才会饱满。

A. 1：(20~30)　B. 1：(30~40)　C. 1：(40~50)　D. 1：(50~60)

49. 乌龙茶用茶量在六大茶类中是最大的，适宜的茶水比为（　　）。

A. 1：30　B. 1：20　C. 1：40　D. 1：50

50. 高级细嫩的中小叶种茶树鲜叶制成的绿茶、红茶、花茶，泡茶水温要比大叶种茶树鲜叶制成的茶低，一般用（　　）的开水冲泡。

A. 50~60℃　B. 70~80℃　C. 80~85℃　D. 95~100℃

51. 绿茶中呈鲜甜味的氨基酸和呈苦味的咖啡因最易浸出，第一次冲泡 2 分钟的浸出量几乎占总浸出量的 2/3，第一次加第二次冲泡共 4 分钟浸出量可达（　　）以上。

A. 60%　B. 70%　C. 80%　D. 90%

52. 红茶、绿茶以玻璃杯泡为例，第一泡茶以冲泡（　　）左右饮用为好，若想再饮，则杯中剩 1/3 茶汤时续开水。

A. 3 分钟　B. 2 分钟　C. 1 分钟　D. 0.5 分钟

53. 古人以（　　）来分上、中、下投泡法，现在则主要以茶的外形特征来选上、中、下投泡法。

A. 天气　B. 季节　C. 早晚　D. 轻重

54. 浸润泡以回旋手法向玻璃杯内注少量开水，时间为 20~60 秒，目的是（　　），促使可溶物质析出。

A. 洗茶　B. 洗杯　C. 使茶叶充分浸润　D. 表演

55. 闻香杯有助于品赏茶香，是冲泡（　　）的重要茶具。

A. 西湖龙井　B. 闽南工夫茶　C. 潮汕工夫茶　D. 台式乌龙茶

56. 茶叶是一种饮料，从饮用需求的角度而言，茶汤的（　　）和香气是茶叶的核心。

A. 滋味　B. 颜色　C. 透明度　D. 黏稠度

57. 茶叶品质一般指茶叶的色、香、味、形与叶底，色即是茶叶的色泽，包括（　　）。

A. 干茶的色泽、冲泡后茶汤的色泽、茶叶叶底的色泽

B. 干茶的色泽、冲泡后茶汤的色泽、茶杯的颜色

C. 干茶的色泽、冲泡后茶汤的色泽、环境的颜色

D. 干茶的色泽、冲泡后茶汤的色泽、服装的颜色

58. 茶叶的叶底指（　　）。

A. 干茶叶的背面　　B. 冲泡后的茶渣
C. 湿茶叶的背面　　D. 杯中最下层的茶叶

59. 粉末形茶叶不太适合冲泡，适合煮饮或（　　）方式。
A. 调饮茶　B. 煎茶　C. 点茶　D. 擂茶

60. 工夫红茶要求汤色红艳带有（　　），即在茶杯汤面形成一圈金黄色的油环者为佳。
A. 茶雾　B. 茶油　C. 茶蕴　D. 金圈

61. 嗅闻茶叶香气最适合的叶底温度为（　　）。
A. 55℃　B. 65℃　C. 75℃　D. 85℃

62. 品尝茶汤温度要适宜，一般以（　　）左右较为适合。
A. 40℃　B. 50℃　C. 60℃　D. 70℃

63. 上等绿茶茶汤鲜醇甘爽，如果平淡涩口，则多为（　　）。
A. 细嫩绿茶　B. 发霉绿茶　C. 粗老绿茶　D. 陈年绿茶

64. 名优绿茶的品饮，在茶具选择上以玻璃杯、白瓷或影青茶杯为宜，这类茶具适合欣赏茶汤的颜色与茶叶的（　　）。
A. 大小　B. 老嫩　C. 颜色　D. 形状

65. 潮汕工夫茶的“烹茶四宝”指（　　）。
A. 玉书碨、潮汕炉、孟臣罐、若琛杯
B. 东坡提梁、韦鸿胪、汤提点、陶宝文
C. 吴经提梁、石鼎、曼生壶、若琛杯
D. 大彬提梁、凉炉、水晶壶、琉璃杯

66. 对于茶艺流程的解释要从品味茶的色香味形的角度，也就是品味（　　）的角度来进行，避免解说时过于花哨、故弄玄虚。
A. 茶道意境　B. 一杯好茶　C. 茶艺美感　D. 人生况味

67. 英、美顾客大多喜欢喝加奶加糖的（　　），茶艺师可以根据顾客的需求提供。
A. 绿茶　B. 青茶　C. 红茶　D. 黑茶

68. （　　）明确表示，茶确实有保健作用，但不能宣传茶就是药！
A. 陆羽　B. 赵佶　C. 李时珍　D. 陈宗懋

69. “茶为万病之药”出自日本荣西禅师的（　　），是一种文学夸张表达，不能视作严谨的医学建议。
A.《吃茶养生记》　B.《煎茶水记》　C.《茶谱》　D.《罗岕茶谱》

70. 茶多酚是一类（　　），为茶叶中含有的一种高效天然抗氧化剂。
A. 多甲基酚类化合物　　B. 多羟基酚类化合物
C. 多羟基醛类化合物　　D. 多羧基酚类化合物

71. 冬季适宜饮用（　　）。
A. 菊花茶　B. 桂花茶　C. 珠兰花茶　D. 玫瑰花茶

72. 茶色素是茶叶中所有有颜色的化学成分的总和，包括茶红素、茶黄素、叶绿素、类胡萝卜素和（　　）。

A. 氨基酸　　B. 咖啡因　　C. 黄酮　　D. 茶多糖

73. 茶氨酸是茶叶中最主要的氨基酸，具有一定的降血压、（　　）等重要功效。

A. 抗癌　　B. 强身健体　　C. 改善睡眠　　D. 提高智力

74. 我国饮茶导致的氟中毒常见于四川、西藏、新疆、内蒙古、甘肃、青海、广西、（　　）等地区，这些地区饮用粗老砖茶的量较大。

A. 黑龙江　　B. 福建　　C. 广东　　D. 湖南

75. 乌龙茶（　　），适合饮用的人群较广。

A. 性温　　B. 性热　　C. 性寒　　D. 清爽

76. 有瘦身计划的人，比较适合饮（　　）。

A. 乌龙茶和普洱　　B. 红茶和绿茶　　C. 白茶　　D. 花茶

77. 用盖碗泡茶时，碗盖要（　　）。

A. 半开着　　B. 盖严　　C. 不加盖　　D. 留一小缝

78. 大宗绿茶用（　　）的水冲泡较为适宜。

A. 80~85℃　　B. 85~90℃　　C. 90~95℃　　D. 95~100℃

79. 绿茶中的松阳银猴，适合用（　　）冲泡。

A. 刚煮沸的开水　　B. 80℃的水　　C. 85℃的水　　D. 95℃的水

80. 适合上投法的绿茶，特征之一是（　　）。

A. 重实　　B. 质轻　　C. 粗老　　D. 毫少

二、判断题（每题 1 分，共计 20 分）

81. 安吉白茶属于绿茶。（　　）

82. 太平猴魁干茶的长度一般为 10~15 厘米。（　　）

83. 六安瓜片的制作过程中，烘焙分 3 次进行。（　　）

84. 六堡茶属于黑茶。（　　）

85. 玫瑰花茶有玫瑰绿茶和玫瑰白茶。（　　）

86. 外形被称为“松针”的茶是信阳毛尖。（　　）

87. 蒸青指的是杀青工艺。（　　）

88. 龙须形也是茶叶的叶底形状之一。（　　）

89. 工夫红茶的茶汤表面带有“金圈”，说明茶叶品质很差。（　　）

90. 台湾乌龙茶适合抽真空包装。（　　）

91. 潮汕风炉、玉书碨、砂铫是各类型工夫茶必备的茶具。（　　）

92. 因为陶壶不施釉，因此可以用化学清洁剂刷洗陶壶，这样可以把壶身上所有细微的孔隙都洗干净。（　　）

93. 再加工过程中，不渥堆发酵的如沱茶等属于黑茶类。（　　）

94. 蒸汽杀青是我国古代杀青方法，唐代传至日本，相沿至今，而我国则已经没有了蒸

青绿茶。(　　)

95. 乌龙茶中发酵程度最重的是白毫乌龙。(　　)

96. 四川黑茶分南路边茶和西路边茶两种，其中康砖和金尖两个花色属于南路边茶。(　　)

97. 茶餐厅通常将茶餐放在重要的位置上，而将茶饮作为辅助项目。(　　)

98. 茶艺演示时，男女动作一样，不需要有区别。(　　)

99. 乌龙茶品饮特别重香味，先闻其香，后尝其味，高冲浅斟慢饮，是品饮乌龙茶的特有韵趣。(　　)

100. 接待顾客时要坚持做到“三到”“三声”，具体就是“顾客到、微笑到、敬语到”，以及“来有问声、问有应声、走有送声”。(　　)

答案部分

一、单项选择题答案

1~5	A	B	C	D	A	6~10	B	A	C	D	A
11~15	B	C	D	A	B	16~20	B	C	D	A	B
21~25	C	D	A	B	C	26~30	D	A	B	C	D
31~35	A	B	C	D	A	36~40	B	C	D	A	B
41~45	C	D	A	A	B	46~50	C	D	A	B	C
51~55	D	A	B	C	D	56~60	A	A	B	C	D
61~65	A	B	C	D	A	66~70	B	C	D	A	B
71~75	B	C	A	D	A	76~80	A	D	C	A	A

二、判断题答案

81~85	√	×	√	√	×	86~90	×	√	×	×	√
91~95	×	×	×	×	√	96~100	√	√	×	√	√